职业教育增材制造技术专业系列教材

增材制造技术应用项目教程

（产品开发与原型制造）

主　编　李华雄　王　晖　曹智梅

参　编　陈嘉伟　黄俊铭　陈学翔

机械工业出版社

本书根据《增材制造设备操作员国家职业技能标准》和《1+X 增材制造设备操作与维护职业技能等级标准》编写，覆盖产品开发与原型制造的全流程。本书共分为七个模块，包括产品前期工艺分析与制订、产品部件数据采集与逆向建模、产品零部件创新设计、产品部件增材制造、产品部件快速复模、产品表面处理及配作、辅助工艺等。

本书重点讲述了产品开发中逆向工程、熔融沉积成型、立体光固化成型等关键技术，同时介绍了相关设备操作和后处理方法。书中精选了大量行业案例和图片，采用图表和流程图等形式，使内容易懂、逻辑清晰。结合"互联网+"模式，在重要知识点处嵌入二维码，便于深入学习。本书内容专业性强、系统性好，结合概念、技术细节和应用实例，旨在为学生提供一个全面的学习体验。经过一定的学习、培训和实践后，学生可掌握增材制造设备操作员等相关职业，增材制造产品设计与生产、增材制造技术推广服务等技术领域的知识和技能，提高自己的实践能力和综合素质。

本书适用于高等职业教育增材制造技术、机械设计与制造、工业设计等相关专业学生，以及增材制造岗位的工程技术人员。

为便于教学，本书配套有电子课件、微课视频、习题答案等教学资源，凡选用本书作为授课教材的教师可登录 www.cmpedu.com，注册后免费下载。

图书在版编目（CIP）数据

增材制造技术应用项目教程：产品开发与原型制造 / 李华雄，王晖，曹智梅主编. -- 北京：机械工业出版社，2024.12. --（职业教育增材制造技术专业系列教材）.
ISBN 978-7-111-77516-4

Ⅰ. TB4

中国国家版本馆CIP数据核字第2025PV7392号

机械工业出版社（北京市百万庄大街22号　邮政编码100037）
策划编辑：黎　艳　　　　责任编辑：黎　艳　赵晓峰
责任校对：潘　蕊　李　杉　封面设计：张　静
责任印制：张　博
北京建宏印刷有限公司印刷
2025年2月第1版第1次印刷
184mm×260mm・12.25印张・286千字
标准书号：ISBN 978-7-111-77516-4
定价：42.00元

电话服务　　　　　　　　　网络服务
客服电话：010-88361066　　机　工　官　网：www.cmpbook.com
　　　　　010-88379833　　机　工　官　博：weibo.com/cmp1952
　　　　　010-68326294　　金　书　网：www.golden-book.com
封底无防伪标均为盗版　机工教育服务网：www.cmpedu.com

前 言

在当今快速发展的装备制造业领域，产品开发与快速原型制作（Rapid Prototyping）技术的应用日益普及。经过数十年的发展，产品开发与快速原型制作技术已经融合了多种成型工艺、材料种类，并在增材制造技术的各个环节构建了知识体系，技术的重要性不言而喻。快速原型制造厂商多为高新技术企业，他们拥有先进的增材制造设备和软件技术，能够为客户提供快速、精确的原型制造服务。随着技术的不断进步和市场的不断扩大，这些企业的规模和数量也在不断增加，因此对于精通这些技术的专业人才的需求也日益迫切。本书旨在帮助机械设计与制造、工业设计等相关专业的学生全面了解这一领域，为学生提供一个全面、深入的学习平台，并为其未来的职业生涯做好准备。

本书内容依据最新的教学标准和课程大纲要求，紧密对接职业标准和岗位需求，结合行业新技术、新设备、新工艺，通过真实案例帮助学生理解并掌握关键知识点。本书采用了理实一体化的编写模式，贯彻"做中学，学中做"的职业教育理念，引导学生通过实际操作来深化知识学习。本书每个模块都围绕产品开发与原型制造的一个关键环节展开，具体如下。

模块一：产品前期工艺分析与制订。介绍了增材制造工艺和等材制造工艺，增材制造工艺选取了熔融沉积成型（FDM）工艺和立体光固化成型（SLA）工艺两种典型基础的增材制造工艺，讲述其原理与特点；介绍了等材制造工艺的工作流程与特点。

模块二：产品部件数据采集与逆向建模。介绍了逆向工程技术的概念、关键技术以及应用，通过实际产品案例进行数据采集与逆向建模操作。

模块三：产品零部件创新设计。介绍了产品创新思路，通过分析现有产品零件存在的不足，针对问题进行零部件创新设计。

模块四：产品部件增材制造。介绍了熔融沉积成型（FDM）工艺和立体光固化成型（SLA）工艺流程。以产品零部件作为操作载体，详细介绍了打印前的模型数据预处理以及打印后的制件后处理等内容。

模块五：产品部件快速复模。介绍了快速成型复模技术的流程。以产品零部件作为操作载体，详细介绍了原型预处理、模具围框制作、硅胶材料的调制与模具制作、材料配比与混合、真空注型、硅胶模具开模取件以及注型件后处理等内容。

模块六：产品表面处理及配作。介绍了立体光固化成型（SLA）零件表面破损修复的操作与注意事项、零件表面上色以及产品零部件配作。

模块七：辅助工艺。介绍了在产品试制中会使用到的相关工艺技术，包括减材制造工艺、产品包装工艺、喷砂工艺、丝网印刷工艺、超声波焊接工艺以及产品交付的相关内容。

本书内容专业性强、系统性好，结合概念、技术细节和应用实例，旨在为学生提供一个全面的学习体验。经过一定的学习、培训和实践后，学生可掌握增材制造设备操作员等相关职业，增材制造产品设计与生产、增材制造技术推广服务等技术领域的知识和技能，提高自己的实践能力和综合素质。

本书建议学时为 68h，具体分配可根据各学校实际情况进行适当调整。编者希望通过本书的学习，学生不仅能够深入理解产品开发与原型制造的理论与实践，还能够为自己的职业生涯做出更好的规划。

学时分配建议见下表：

模块	任务	建议学时
模块一　产品前期工艺分析与制订	任务一　典型基础增材制造分析与工艺制订	2
	任务二　快速等材制造分析与工艺制订	
模块二　产品部件数据采集与逆向建模	任务一　认识逆向工程技术	12
	任务二　产品部件数据采集	
	任务三　产品部件逆向建模	
模块三　产品零部件创新设计	任务一　产品创新思路	4
	任务二　零部件创新设计	
模块四　产品部件增材制造	任务一　电吹风底座上壳立体光固化成型及后处理	12
	任务二　电吹风出风口熔融沉积成型制作	
模块五　产品部件快速复模	任务一　硅橡胶模具制作	24
	任务二　产品部件复模注型	
模块六　产品表面处理及配作	任务一　立体光固化成型零件表面破损修复	12
	任务二　零件表面上色	
	任务三　产品零部件配作	
模块七　辅助工艺	任务一　认识减材制造工艺	2
	任务二　认识产品包装工艺	
	任务三　辅助工艺与产品交付	
合　计		68

本书由李华雄、王晖、曹智梅主编，陈嘉伟、黄俊铭、陈学翔参与编写。在编写过程中，编者参阅了相关教材和资料，在此一并表示衷心感谢！

由于编者水平有限，书中不妥之处在所难免，恳请读者批评指正。

编　者

二维码索引

名称	二维码	页码	名称	二维码	页码
课程概述		1	点云数据处理		46
产品分析与工艺制订		1	逆向建模		51
认识逆向工程技术		21	电吹风结构分析与改进策略		62
花洒头逆向建模操作步骤		29	增材制造技术工艺原理		73
三维扫描仪标定校准		33	主要的增材制造工艺		73
电吹风底座数据采集实例讲解		45	SLA设备操作		76

(续)

名称	二维码	页码	名称	二维码	页码
光固化成型机基本操作		76	模具围框设计与制作		107
成型零件后处理		81	硅橡胶材料的准备与浇注制模		107
电吹风底座上壳零件切片处理		84	硅橡胶模具固化的条件		108
SLA 工艺优化策略		88	模具分模		114
零件切片前处理与 FDM 设备操作		92	AB 料调试与浇注		121
熔融挤出成型机基本操作		92	产品试制流程与要点		126
FDM 设备常见故障处理		98	零件表面缺陷修复		127
快速制造技术原理及应用范围		105	零件表面上色的流程		134

（续）

名称	二维码	页码	名称	二维码	页码
零件表面上色操作		141	产品试制常见的辅助工艺		182
零部件配作流程		146	产品交付要求讲解		184
电吹风产品整体配作		152			

目 录

前言

二维码索引

模块一 产品前期工艺分析与制订 ································· 1
    任务一 典型基础增材制造分析与工艺制订 ···················· 1
    任务二 快速等材制造分析与工艺制订 ························· 14

模块二 产品部件数据采集与逆向建模 ························· 21
    任务一 认识逆向工程技术 ·· 21
    任务二 产品部件数据采集 ·· 40
    任务三 产品部件逆向建模 ·· 51

模块三 产品零部件创新设计 ··· 56
    任务一 产品创新思路 ·· 57
    任务二 零部件创新设计 ·· 65

模块四 产品部件增材制造 ·· 72
    任务一 电吹风底座上壳立体光固化成型及后处理 ······· 73
    任务二 电吹风出风口熔融沉积成型制作 ····················· 91

模块五 产品部件快速复模 ·· 104
    任务一 硅橡胶模具制作 ·· 104
    任务二 产品部件复模注型 ·· 118

模块六 产品表面处理及配作 ·· 126
    任务一 立体光固化成型零件表面破损修复 ················· 127

任务二　零件表面上色 ·· 133
　　任务三　产品零部件配作 ·· 146

模块七　辅助工艺 ··· 160
　　任务一　认识减材制造工艺 ·· 161
　　任务二　认识产品包装工艺 ·· 170
　　任务三　辅助工艺与产品交付 ·· 181

参考文献 ··· 186

模块一　产品前期工艺分析与制订

素养园地

当前我国正在由"制造大国"向"制造强国"迈进（图1-1），这对制造企业的生存与发展提出了更高的要求。企业不仅需要大批技术过硬的工匠和技术技能型人才，更需要努力培养技术技能型人才精益求精的工匠精神。党的二十大报告指出，新时代的伟大成就是党和人民一道拼出来、干出来、奋斗出来的；大力弘扬劳模精神、劳动精神、工匠精神。作为职业院校的学生，毕业后将奔赴企业工作岗位，一定要注重培养工匠精神，牢记使命担当。

图1-1　我国正由"制造大国"向"制造强国"迈进

课程概述

任务一　典型基础增材制造分析与工艺制订

📋 学习目标

◆ 知识目标
1）了解典型基础增材制造工艺原理。
2）掌握增材制造工艺中的异同之处与特点。

◆ 技能目标
1）能够独立分析产品现有零部件制造工艺的不足。
2）能够根据现有零部件制造工艺的不足选用合适的增材制造工艺。

产品分析与
工艺制订

素养目标

1）通过在工作过程中与小组其他成员合作、交流，培养学生的团队合作意识，锻炼其沟通能力。

2）开展 7S 活动，培养学生的职业能力。

任务描述

制造工艺方式的差异，往往造成产品质量的悬殊效果。本书以电吹风产品开发中的原型制作过程作为案例，如图 1-2 所示。此类小家电产品外壳常常采用注射成型的方式制造，配套不同的辅助工艺，相关主体零部件及制造工艺见表 1-1。

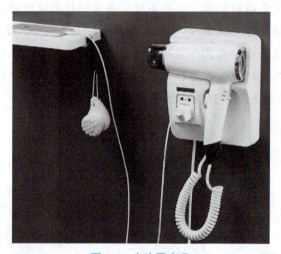

图 1-2 电吹风产品

表 1-1 电吹风主体零部件及制造工艺

序号	零部件名称	零部件图片	材质	功能作用	制造工艺
1	电吹风出风口		ABS	使风力更集中，提高风速，增强风力，可耐高温	注射成型
2	电吹风外壳		ABS	作为结构保护层，要求造型美、质量轻	注射成型
3	电吹风后盖		ABS	提供进气与散热功能，起冷却通道的作用	注射成型

(续)

序号	零部件名称	零部件图片	材质	功能作用	制造工艺
4	电吹风开关按钮		ABS	控制电吹风启动与关停，便于按压	注射成型
5	电吹风换档控制按钮		ABS	控制电吹风的风量，便于推拉滑动	注射成型
6	电吹风底座上壳		ABS	用于放置电吹风	注射成型

在产品实际开发过程中，为了快速获得产品外观及其结构零部件，企业常使用快速原型制作的方式获得样板零件，增材制造技术是快速原型制作中最常用的技术手段，常见的增材制造工艺有多种，在本任务中将详细介绍典型基础增材制造技术的基本知识。

相关知识

一、熔融沉积成型（FDM）工艺

1. FDM 技术的工作原理

熔融沉积成型（Fused Deposition Modeling，FDM）技术的工艺相对简单，其工作原理如图 1-3 所示，首先将塑料等丝材通过材料管，输送至喷头内，通过喷头将丝材加热至半流体状态，喷头沿编程设定的轨迹移动，将半流体状态的丝材挤出在打印平台上并熔结，形成截面后，打印平台沿 z 轴向下移动一个层厚的高度，如此反复，直至整个模型打印完成。

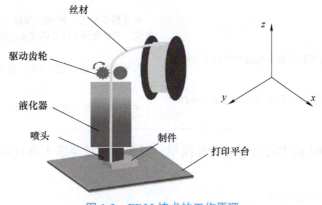

图 1-3　FDM 技术的工作原理

2. FDM 技术的材料

FDM 技术可打印的材料有很多种，主流使用的材料为 ABS（丙烯腈 - 丁二烯 - 苯乙烯共聚物）和 PLA（生物降解塑料聚乳酸）工程塑料。

（1）ABS 工程塑料　ABS 工程塑料性能见表 1-2。

表 1-2　ABS 工程塑料性能

优点	缺点
强度较好	使用过程产生异味
柔韧性较高	材料收缩性较强
机械加工性较强	—
耐高温性较强	—

（2）PLA 工程塑料　PLA 工程塑料性能见表 1-3。

表 1-3　PLA 工程塑料性能

优点	缺点
具有生物可降解性	强度较差
粘结性强	柔韧性较低
材料收缩性较低	—

3. FDM 技术的特点

FDM 技术的优点与缺点见表 1-4。

表 1-4　FDM 技术的优点与缺点

优点	缺点
原理相对简单，无须激光器等贵重元器件，更容易操作与维护	喷头采用机械式结构，打印速度比较慢
普及率最高	尺寸精度较差，模型表面相对粗糙，有较清晰的台阶效应，不适合用于尺寸精度要求较高的装配件打印
对使用环境几乎没有任何限制，可以放置在办公室和家庭中使用	需要设计、制作支撑结构，浪费材料
打印出来的模型强度、韧性都很高，可以用于条件苛刻的功能性测试	在打印结构形态复杂的模型时，支撑结构很难去除

综上所述，FDM 技术适合制作特征简单、对表面质量要求不高且对模型强度、韧性要求较高的零件。

4. FDM 技术应用领域

FDM 技术已被广泛应用于教育科研、工业设计、医疗以及个性化产品定制领域等。

1）FDM 技术在教育科研领域的应用，如图 1-4 所示。

图 1-4　FDM 技术在教育科研领域的应用

2）FDM 技术在工业设计领域的应用，如图 1-5 所示。
3）FDM 技术在医疗领域的应用，如图 1-6 所示。

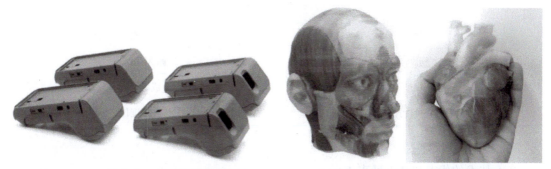

图 1-5　FDM 技术在工业设计领域的应用　　　　图 1-6　FDM 技术在医疗领域的应用

二、立体光固化成型（SLA）工艺

立体光固化成型（Stereo Lithography Apparatus，SLA）技术主要的固化光源有紫外（UV）激光、紫外光、LED 光等。

1. SLA 技术的工作原理

SLA 技术基于液态光敏树脂的光聚合原理工作，工作原理如图 1-7 所示。这种液态材料在一定波长和强度的紫外光照射下能迅速发生光聚合反应，材料从液态转变成固态。液槽中盛满液态光固化树脂，激光束在偏转镜作用下在液态材料表面扫描，光点打到的地方发生液体固化。当一层扫描完成后，升降工作台下降一层高度，再进行下一层的扫描，逐层固化，如此重复，直到整个零件成型完成。

2. SLA 技术的材料

在光能的作用下会敏感地产生物理变化或化学反应的树脂一般称为光敏树脂。其中，那些在光能的作用下既不溶于溶剂，又能从液体转变为固体的树脂称为光固化树脂。所有 SLA 工艺所使用的原材料均为液态光敏树脂，其固化原理如图 1-8 所示。

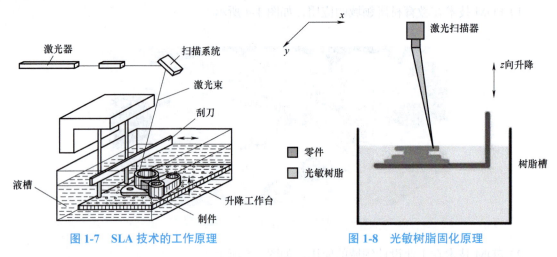

图 1-7　SLA 技术的工作原理　　　　图 1-8　光敏树脂固化原理

光敏树脂性能见表 1-5。

表 1-5　光敏树脂性能

优点	缺点
精度高	耐久性较差
生产规模可控	成本较高
材料属性可改变	光敏度低

3. SLA 技术的特点

SLA 技术的优点与缺点见表 1-6。

表 1-6　SLA 技术的优点与缺点

优点	缺点
工艺成熟、稳定	设备成本和使用成本相对较高
尺寸精度较高，模型细节表现力优异，能达到 0.025mm 精度	打印速度较慢，生产率较低
模型表面质量较好，较适合做小尺寸产品及精细零部件	液态光敏树脂材料具有一定的气味和毒性
可以直接作为面向熔模精密铸造的具有中空结构的消失模	需要设计模型的支撑结构
材料种类丰富且覆盖行业领域广	零件结构特别复杂的模型，辅助支撑不易去除

综上所述，SLA 技术适合制作结构特征较精细、尺寸不大且表面质量有要求的零件，但 SLA 制件强度不高，不适合受力较大的工作环境下使用。

4. SLA 技术应用领域

1）SLA 技术在模型手板中的应用，如图 1-9 所示。

2）在教育领域中，SLA 技术可用于制造各种教学模型和实验器材，如图 1-10 所示。

3）在模具制造领域中，SLA 技术可结合快速模具制造技术（图 1-11）和真空注型制造技术应用。

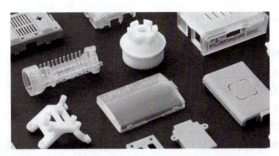

图 1-9　SLA 技术在模型手板中的应用

图 1-10　SLA 技术在教学模型中的应用　　　图 1-11　SLA 技术在快速模具制造中的应用

三、典型基础增材制造工艺比较

作为产品快速原型制作最常用的典型基础增材制造工艺，其性能比较见表 1-7，常用的典型基础增材制造工艺的优点与缺点见表 1-8。

表 1-7　典型基础增材制造工艺性能比较

工艺	精度	表面质量	材料价格	材料利用率	运行成本	生产率	设备费用	占有率（估计）
FDM	较差	较差	一般	约 100%	一般	较低	较便宜	6.1%
SLA	优	优	较贵	约 100%	较高	高	较贵	78%

表 1-8　典型基础增材制造工艺的优点与缺点

工艺	优点	缺点
FDM	成型速度快、材料利用率高、能耗低、制件可包含多种材料和颜色	制件表面粗糙、选用材料仅限于低熔点材料
SLA	技术成熟、应用广泛、成型速度快、精度高、能耗低	工艺复杂、需要支撑结构、材料种类有限、激光器寿命低、原材料价格较贵

典型基础增材制造分析与工艺制订	学习任务单	班级：
		姓名：

请结合前面所述的知识，查阅相关资料，完成以下任务：

一、填空题

1. FDM 技术的中文名称为_____。
2. SLA 技术的中文名称为_____。
3. FDM 技术主要使用的材料分别为_____和_____。
4. SLA 技术使用的材料为_____。
5. SLA 工艺在成型过程中材料发生_____反应。
6. 使用 FDM 工艺成型的零件表面质量对比使用 SLA 工艺成型的零件表面质量_____。
7. SLA 工艺应用领域有_____、_____、_____。
8. FDM 工艺应用领域有_____、_____、_____。

二、判断题

1. FDM 工艺在成型过程中材料发生物理变化。　　　　　　　　　　　　（　　）
2. FDM 技术精度较高，因为使用的材料为液态光敏树脂。　　　　　　　（　　）
3. SLA 技术中光源主要为紫外光。　　　　　　　　　　　　　　　　　（　　）
4. 使用 SLA 技术成型的制件无毒、无味，对人体不存在危害性。　　　　（　　）
5. 使用 FDM 技术与 SLA 技术成型的制件均需要进行后处理操作。　　　（　　）
6. 在常用的设备中，SLA 技术中的支撑材料也是液态光敏树脂。　　　　（　　）
7. SLA 工艺产生的台阶效应可以通过砂纸打磨的方式去除。　　　　　　（　　）
8. FDM 工艺精度比 SLA 工艺低。　　　　　　　　　　　　　　　　　（　　）

三、简答题

1. 简述 FDM 工艺的特点。

_____
_____
_____

2. 列举 SLA 工艺的缺点。

_____
_____
_____

实训任务　典型基础增材制造分析与工艺制订

实训器材

电吹风出风口、电吹风外壳、电吹风后盖、电吹风开关按钮、电吹风换档控制按钮、电吹风底座上壳零部件。

作业准备

对电吹风产品进行正确拆解，检查各个零部件、电控模块的正确安装位置，拆解后放置好，贴备忘标签。

模块一 产品前期工艺分析与制订

操作步骤

1. 分析零部件

零部件特点分析见表 1-9。

表 1-9 零部件特点分析

序号	零部件名称	零部件图片	特点
1	电吹风出风口		① 使用过程中零件需耐高温、不变形 ② 特征简单且内部精度要求不高
2	电吹风外壳		① 零件需接触手部,要求外观面光顺 ② 曲面特征曲率变化较小 ③ 零件外观质量要求较高
3	电吹风后盖		① 零件特征多且较精细 ② 零件外观面要求光顺
4	电吹风开关按钮		① 零件尺寸较小 ② 零件常受作用力,要求有一定的强度 ③ 零件存在卡扣特征,精度要求较高
5	电吹风换档控制按钮		① 零件特征精度要求不高 ② 特征较简单 ③ 零件需要常受作用力,要求一定的力学强度
6	电吹风底座上壳		① 外观质量要求较高 ② 结构要求较精细

2. 产品工艺分析

产品零部件工艺分析见表 1-10。

表 1-10 产品零部件工艺分析

序号	零部件名称	零部件图片	前期工艺	工艺缺点
1	电吹风出风口		注射成型	无法在短时间内更换旧损部件

(续)

序号	零部件名称	零部件图片	前期工艺	工艺缺点
2	电吹风外壳	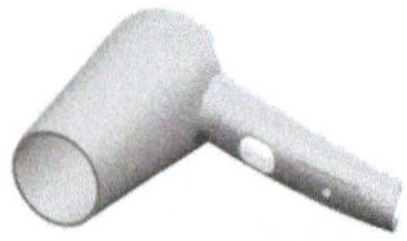	注射成型	无法在短时间内更换旧损部件
3	电吹风后盖	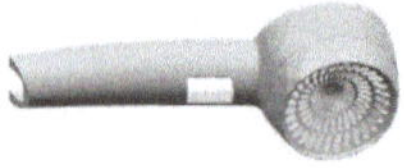	注射成型	无法在短时间内更换旧损部件
4	电吹风开关按钮		注射成型	无法在短时间内更换旧损部件
5	电吹风换档控制按钮		注射成型	无法在短时间内更换旧损部件，也无法个性化定制按钮的颜色
6	电吹风底座上壳		注射成型	无法在短时间内更换旧损部件

3. 产品工艺制订

针对产品前期工艺的分析，根据现有相关原型制作设备进行电吹风产品零部件的工艺制订与划分，见表1-11。

表1-11 产品工艺制订表

序号	零部件名称	零部件图片	选择工艺
1	电吹风出风口		FDM 工艺
2	电吹风外壳	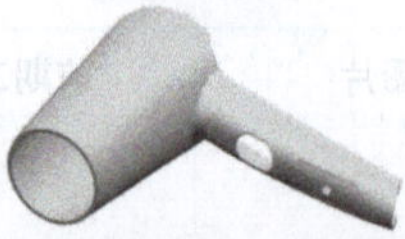	SLA 工艺
3	电吹风后盖	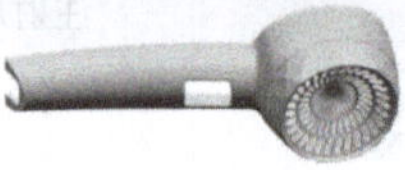	SLA 工艺

（续）

序号	零部件名称	零部件图片	选择工艺
4	电吹风开关按钮		SLA 工艺
5	电吹风换档控制按钮		FDM 工艺
6	电吹风底座上壳		SLA 工艺

请根据前面列出的关键知识点，逐个分析零件选择增材制造工艺的理由，撰写实训任务总结，并完成《典型基础增材制造分析与工艺制订》工作任务单。

_____
_____
_____
_____
_____
_____
_____
_____
_____
_____
_____
_____
_____

典型基础增材制造分析与工艺制订				工作任务单		班级：	
						姓名：	

1. 确定零部件总体尺寸

序号	零部件名称	零部件图片	总体尺寸/mm	序号	零部件名称	零部件图片	总体尺寸/mm
1	电吹风出风口			4	电吹风开关按钮		
2	电吹风外壳			5	电吹风换档控制按钮		
3	电吹风后盖			6	电吹风底座上壳		

2. 确定零部件质量

序号	零部件名称	零部件图片	质量/g	序号	零部件名称	零部件图片	质量/g
1	电吹风出风口			4	电吹风开关按钮		
2	电吹风外壳			5	电吹风换档控制按钮		
3	电吹风后盖			6	电吹风底座上壳		

3. 制订工艺表

序号	零部件名称	总体尺寸（长 × 宽 × 高）	质量/kg	制作工艺	备注
1					
2					
3					
4					
5					
6					

典型基础增材制造分析与工艺制订			实习日期：	
姓名：		班级：	学号：	
自评：		互评：	师评：□合格 □不合格	教师签名：
日期：		日期：	日期：	

【评分细则】

序号	评分项	得分条件	分值	评分要求	自评	互评	师评
1	安全/7S/态度	□能进行工位 7S 操作 □工位整洁 □计算机使用规范	20	未完成一项扣 5 分	□熟练 □不熟练	□熟练 □不熟练	□合格 □不合格
2	专业技能能力	作业 1： □完成学习任务单 作业 2： □按要求完成实训任务 □正确填写实训任务内容 作业 3： □填写实训任务总结	50	未完成一项扣 15 分，不得超过 50 分	□熟练 □不熟练	□熟练 □不熟练	□合格 □不合格
3	工具使用能力	□能正确使用测量工具 □能正确使用称量工具 □能正确读取测量工具数值 □能正确读取称量工具数值	15	未完成一项扣 5 分，不得超过 15 分	□熟练 □不熟练	□熟练 □不熟练	□合格 □不合格
4	问题分析能力	□能判别 FDM 工艺 □能判别 SLA 工艺 □能判别产品各个零部件的制造工艺 □能判别产品各个零部件的作用与特点 □能分析产品各个零部件并合理选用增材制造工艺	10	未完成一项扣 2 分	□熟练 □不熟练	□熟练 □不熟练	□合格 □不合格
5	表单撰写能力	□字迹清晰 □语句通顺 □无错别字 □无涂改 □无抄袭	5	未完成一项扣 1 分	□熟练 □不熟练	□熟练 □不熟练	□合格 □不合格
总分：							

任务二　快速等材制造分析与工艺制订

学习目标

◆ 知识目标
1）掌握快速等材制造工艺原理。
2）了解快速等材制造技术的应用。

◆ 技能目标
1）能够根据零部件现有制造工艺特点选用等材制造工艺。
2）能够判别快速等材制造与传统模具制造技术的差异。

素养目标

1）通过在工作过程中与小组其他成员合作、交流，培养学生的团队合作意识，锻炼其沟通能力。
2）开展 7S 活动，培养学生的职业能力。

任务描述

电吹风产品手持部分的零部件由于长期使用后会出现表面暗黄、粗糙以及开裂现象，如图 1-12 所示。针对这种情况，分析采用何种工艺进行此类部件的快速原型制作开发，在工艺制订中需要考虑哪些问题。

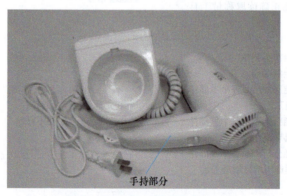

图 1-12　电吹风手持部分零部件

相关知识

随着市场需求的不断变化，对产品零部件的制作质量以及速度的要求越来越高。快速模具制造技术作为快速等材制造工艺中的一种，可以为产品原型试制带来更高的生产率与更好的经济效益。

一、快速模具制造技术

1. 工作原理

快速模具制造技术是利用快速成型件作为母模或过渡模具，通过传统的翻模制造方法制作出模具的方法。本书中主要应用的快速模具制造技术为软质模具制模法。

2. 软质模具制作方式

软质模具因其使用软质材料（如硅橡胶、环氧树脂、低熔点合金等）而有别于传统的钢制材料模具，由于软质材料具有良好的柔韧性和弹性，可有效减少模具死角影响，从而方便制造产品中复杂的结构、精美的图案、无拔模斜度或向下有深槽部分。由于其制造成本低、开发周期短，因而在新产品开发和单件、小批量生产中获得广泛应用。目前，在产品原型制作中，软质模具快速制造方法的材料通常采用硅橡胶，其材料如图 1-13 所示。

3. 软质模具的材料

硅橡胶浇注法制作的模具由于具有良好的柔性和弹性，能够制作出结构复杂、花纹精

图 1-13　硅橡胶材料

细、无拔模斜度或倒拔模斜度以及具有深凹槽的零件，因而备受关注。硅橡胶软质模具的使用寿命一般为 20~50 件。浇注材料主要有：ABS（丙烯腈-丁二烯-苯乙烯共聚物）、PP（聚丙烯）、PC（聚碳酸酯）、PMMA（聚甲基丙烯酸甲酯）以及软胶等，根据不同的使用场景与产品要求选用不同材料。

4. 快速模具制造技术特点

快速模具制造技术的优点与缺点见表 1-12。

表 1-12　快速模具制造技术的优点与缺点

优点	缺点
成本优势	技术比较难掌握，做出的产品受人为因素影响较大
可选材料范围广	不适合单件或者 100 件以上批量的生产
成型模具为软性硅胶，所以不受成型件中的倒扣结构影响，模具中一般不用滑块，一次成型	产品精度要求太高就难以达到
小批量生产相比金属模具周期短	成型件的规格受真空成型机的成型空间限制
成型件表面可进行喷漆、丝印、激光雕刻等表面处理	—

5. 快速模具制造技术应用范围

快速模具制造技术适合制作零件特征较多且精细、尺寸较小的零件，如图 1-14 所示。其技术应用范围如下：

1）产品研发中外观和结构定型前,需对产品进行小批量试制测试。

2）定制化产品,只需要几十件的产品部件,不需要大批量生产。

3）一般应用领域：仪器仪表开发（图 1-15）、军工产品开发（图 1-16）、功能性产品开发（图 1-17）等。

图 1-14 应用快速模具制造技术的产品

图 1-15 仪器仪表开发

图 1-16 军工产品开发

图 1-17 功能性产品开发

快速等材制造分析与工艺制订	学习任务单	班级：
		姓名：

请结合前面所述的知识，查阅相关资料，完成以下任务：

一、填空题
1. 快速模具制造技术适合_____生产。
2. ABS 材料中文名称为_____。
3. PC 材料中文名称为_____。
4. PP 材料中文名称为_____。
5. PMMA 材料中文名称为_____。
6. 快速模具制造技术属于_____技术。

二、判断题
1. 快速模具制造技术适合大批量生产。（   ）
2. 快速模具制造技术不需要原型。（   ）
3. 快速模具制造技术属于增材制造技术的一种。（   ）
4. 快速模具制造技术使用的材料主要是硅橡胶。（   ）
5. 快速模具制造技术适合 50~100 件小批量产品制造。（   ）

三、简答题
1. 简述快速模具制造技术的工作原理。
_____
_____
_____

2. 列出快速模具制造技术的优点。
_____
_____
_____

3. 简述快速模具制造技术的应用范围（至少列出两点）。
_____
_____
_____

实训任务　快速等材制造分析与工艺制订

实训器材

电吹风出风口、电吹风外壳、电吹风后盖、电吹风开关按钮、电吹风换档控制按钮、电吹风底座上壳零部件。

作业准备

在合理拆解零部件的基础上，挑拣手持区域功能零部件。

操作步骤

1. 分析手持区域零部件（表 1-13）

表 1-13　零部件分析

序号	零部件名称	零部件图片	特点
1	电吹风外壳		① 零件需接触手部，要求外观面光顺； ② 曲面特征曲率变化较小； ③ 零件外观质量要求较高
2	电吹风后盖		① 零件特征多且较精细； ② 零件外观面要求光顺

2. 产品工艺分析（表 1-14）

表 1-14　产品工艺分析

序号	零部件名称	零部件图片	前期工艺	工艺缺点
1	电吹风外壳		注射成型	无法在短时间内更换旧损部件
2	电吹风后盖		注射成型	无法在短时间内更换旧损部件

3. 产品工艺制订

针对产品前期工艺的分析，根据现有相关原型制作设备进行电吹风产品手持区域零部件的工艺制订与划分，见表 1-15。

表 1-15　产品工艺制订

序号	零部件名称	零部件图片	选择工艺
1	电吹风外壳		快速模具制造工艺
2	电吹风后盖		快速模具制造工艺

请根据前面列出的关键知识点,逐个分析手持区域功能零部件选择快速模具制造工艺的理由,撰写实训任务总结,并完成《快速等材制造分析与工艺制订》工作任务单。

_____
_____
_____
_____
_____
_____
_____
_____
_____
_____
_____
_____
_____
_____
_____
_____

快速等材制造分析与工艺制订	工作任务单	班级:
		姓名:

1. 确定零部件总体尺寸

序号	零部件名称	零部件图片	总体尺寸/mm
1	电吹风外壳	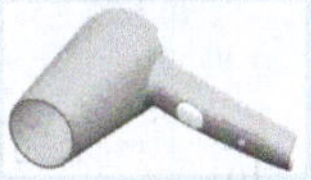	
2	电吹风后盖	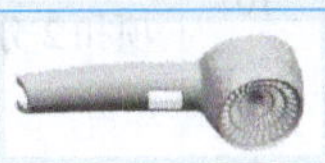	

2. 确定零部件质量

序号	零部件名称	零部件图片	质量/g
1	电吹风外壳	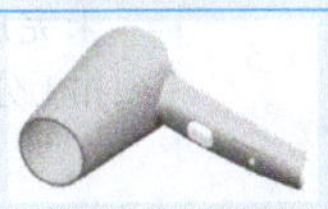	
2	电吹风后盖		

（续）

快速等材制造分析与工艺制订			工作任务单	班级：
				姓名：

3. 制订工艺表

序号	零部件名称	总体尺寸（长×宽×高）	质量/kg	制作工艺	备注
1					
2					

快速等材制造分析与工艺制订			实习日期：		
姓名：		班级：	学号：		
自评：		互评：	师评：□合格 □不合格		教师签名：
日期：		日期：	日期：		

【评分细则】

序号	评分项	得分条件	分值	评分要求	自评	互评	师评
1	安全/7S/态度	□能进行工位7S操作 □工位整洁 □计算机使用规范	20	未完成一项扣5分	□熟练 □不熟练	□熟练 □不熟练	□合格 □不合格
2	专业技能能力	作业1： □完成学习任务单 作业2： □按要求完成实训任务 □正确填写实训任务内容 作业3： □填写实训任务总结	50	未完成一项扣15分，不得超过50分	□熟练 □不熟练	□熟练 □不熟练	□合格 □不合格
3	工具使用能力	□能正确使用测量工具 □能正确使用称量工具 □能正确读取测量工具数值 □能正确读取称量工具数值	15	未完成一项扣5分，不得超过15分	□熟练 □不熟练	□熟练 □不熟练	□合格 □不合格
4	问题分析能力	□能判别快速模具制造工艺 □能判别产品各个零部件的制造工艺 □能判别产品各个零部件的作用与特点 □能分析产品各个零部件并合理选用快速模具制造工艺	10	未完成一项扣2分	□熟练 □不熟练	□熟练 □不熟练	□合格 □不合格
5	表单撰写能力	□字迹清晰 □语句通顺 □无错别字 □无涂改 □无抄袭	5	未完成一项扣1分	□熟练 □不熟练	□熟练 □不熟练	□合格 □不合格

总分：

模块二 产品部件数据采集与逆向建模

素养园地

我国智能制造产业在过去几年里取得了快速发展和崛起。智能制造是通过信息技术、先进制造技术和物联网等手段，实现生产流程的自动化、数字化和智能化（图 2-1）。

图 2-1 智能制造的实现

认识逆向工程技术

我国一直将智能制造作为战略性产业进行支持和推动。政府出台了一系列支持政策，包括提供财政补贴、税收优惠、研发资金支持等，鼓励企业加大智能制造技术的研发和应用。在人工智能、物联网、大数据分析等领域取得的突破性进展，为智能制造提供了强大的技术支持。许多企业引入智能制造技术后，提升了生产率和产品质量，特别是在汽车、电子、传统机械等行业，智能制造的应用较广泛。

未来，我国将继续加大对智能制造的投入，推动产业的发展与壮大，以提升国家的制造业竞争力和经济实力。

任务一 认识逆向工程技术

学习目标

◆ 知识目标

1）理解逆向工程的基本概念。

2）理解逆向工程中的主要技术。
3）理解逆向工程技术实施的软硬件以及条件。
◆ 技能目标
1）掌握逆向工程的工作流程。
2）掌握逆向工程技术的原理。
3）能够例举逆向工程在各行业的应用。

素养目标

1）通过在工作过程中与小组其他成员合作、交流，培养学生的团队合作意识，锻炼其沟通能力。
2）开展 7S 活动，培养学生的职业能力。

任务描述

逆向工程是指根据实物模型测定的数据，构造出 CAD 模型的过程。其主要目的是在不能轻易获得必要的生产信息的情况下，直接通过成品分析，推导出产品的设计原理。逆向工程为客户和制造者在并行工程环境下应用快速原型技术提供了强有力的工具，是缩短产品开发周期的有效途径，特别适用于形状复杂的物体或由自由曲面组成的物体。通过本任务的学习，达到让读者对逆向工程技术建立整体认识的目的。

相关知识

一、逆向工程简介

1. 逆向工程基本概念

逆向工程是按照产品引进、消化、吸收与创新的思路，以"实物→设计意图→三维重构→再设计"框架为工作过程，为提高工程设计、加工、分析的质量和效率提供数字化信息，充分利用先进的 CAD/CAE/CAM 技术对已有的产品进行再创新工程服务。因此，逆向工程可视为产品正向设计有益的补充及验证，是促进正向设计的必备手段。逆向工程流程图如图 2-2 所示。

2. 逆向工程中的主要技术

逆向工程的流程为：对实物样件进行数据采集，得到实物表面几何数据，然后进行数据拼合、简化、三角化、去噪点等预处理；由于测量模型通常由多个面组成，因而还需要对测量数据进行分块，再进行曲面拟合，最后导入 CAD 系统进行产品模型重构。因此，逆向工程涉及的主要技术如下：

1）数据采集技术。
2）数据处理技术。
3）模型重构技术。

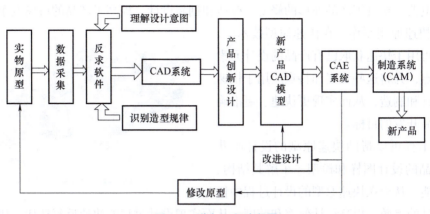

图 2-2 逆向工程流程图

3. 逆向工程的应用

逆向工程改变了传统从图样 CAD 系统到实物的正向设计模式，为产品的快速开发及原型设计提供了一条新途径，广泛应用于机械、航空、汽车、医疗、艺术等领域。相关典型应用场景如下：

（1）新产品开发　使用油泥、木模或泡沫塑料做成产品的比例模型，从审美角度评价并确定产品的外形，然后通过逆向工程技术将其转化为 CAD 模型，这不仅可以充分利用 CAD 技术的优势，还大大加快了创新设计的实现过程。新产品开发流程如图 2-3 所示。

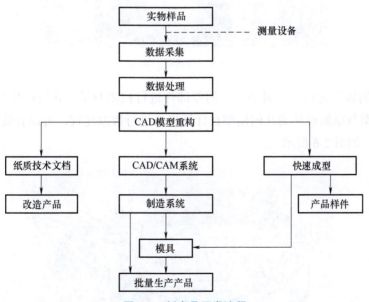

图 2-3 新产品开发流程

（2）产品的改型设计　利用逆向工程技术进行数据采集和数据处理，重建与实物相符的 CAD 模型，并在此基础上进行后续的操作，如模型修改、零件设计、有限元分析、误差分析、生成数控加工指令等，最终实现产品的改进，如图 2-4 所示。该场景广泛应用于摩托车、家用电器、玩具等产品外形的修复、改造和创新设计，提高了产品的市场竞争能力。

（3）快速原型制作　在快速原型技术中，逆向工程可用于快速获取已有产品的设计元素和技术特点，并将这些元素和特点应用于快速原型的设计和制造，从而实现更快速、更准确地完成产品开发的目标。

逆向工程可以帮助快速原型的设计师获取已有产品的设计图样和模型，了解其结构、功能和性能，从而在快速原型的设计过程中快速确定产品的参数，提高设计效率和精度，从而实现设计过程的快速反复迭代。快速原型制作应用如图 2-5 所示。

图 2-4　产品的改型设计

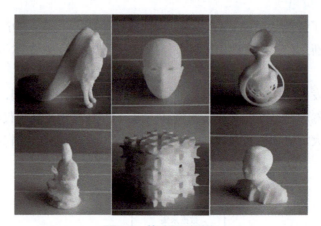

图 2-5　快速原型制作

（4）产品的数字化检测　对加工后的零部件进行扫描测量，获得产品实物的数字化模型，并将该模型与原始设计的几何模型在计算机上进行数据比较，可以有效检测制造误差，提高检测精度，如图 2-6 所示。

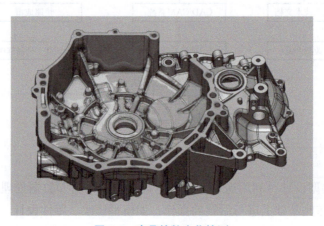

图 2-6　产品的数字化检测

（5）医学领域断层扫描 通过医学领域断层扫描可以快速、准确地制造硬组织器官替代物、体外构建软组织或器官应用的三维骨架以及器官模型，为组织工程进入定制阶段奠定基础，同时也为疾病医治提供辅助手段，如图2-7所示。

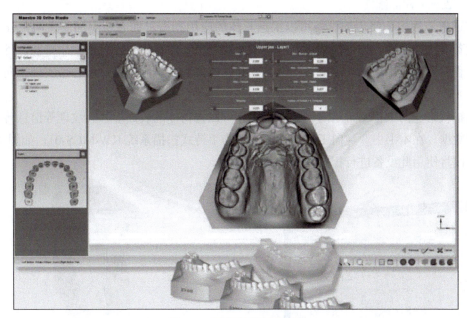

图2-7 医学领域断层扫描

（6）艺术品、考古文物等的复制 应用逆向工程技术，还可以对艺术品、考古文物等进行复制，如图2-8所示，可以方便地生成基于实物模型的计算机动画、虚拟场景等。

图2-8 艺术品、考古文物等的复制

二、逆向工程中的软硬件

1. 逆向工程的软件

在本书中，将使用高效的逆向工程设计软件 Geomagic Design X，如图2-9所示，并在此软件的基础上开展相关操作的教学演示。Geomagic Design X 是一款功能全面的逆向工程软件，能够通过 3D 扫描中的数据更快、更准确且更可靠地创建 CAD 模型，如对损坏的或丢失的零件进行 CAD 数据重建、设计定制产品以及将实体零件转换为 CAD 模型以进行新产品设计等，确保现有部件与新部件相匹配。

2. 逆向工程的硬件

在逆向工程中，使用的设备可以根据具体的应用和需求而有所不同。逆向工程常见的使用设备有：扫描仪、三维打印机、测量设备等。需要注意的是，具体使用哪些设备取决于逆向工程的具体应用场景和需求，不同行业和领域会使用不同的设备组合来实现逆向工程的目标。

扫描仪是逆向工程中常见的设备之一，它可以将物体的表面形状和纹理等信息转化为数字化的数据。在本书中，逆向工程使用的设备为手持式扫描系统 KW-MCS-01，如图 2-10 所示，下面将使用此设备进行相关操作的教学演示。

图 2-9　Geomagic Design X 软件　　　　图 2-10　手持式扫描系统 KW-MCS-01

（1）设备特点

① 设备小巧：体积小，轻便，便于携带。

② 高兼容性：适应室内、户外等多种复杂环境的测量任务。

③ 操作便捷：扫描速度快且稳定性好，不受物体材质和颜色影响。

（2）设备参数　手持式扫描系统 KW-MCS-01 设备参数见表 2-1。

表 2-1　手持式扫描系统 KW-MCS-01 设备参数

序号	项目	参数
1	扫描模式	多线扫描、单线扫描
2	扫描精度	最高 0.02mm
3	扫描速度	860000 点 /s
4	扫描景深	300~700mm

(续)

序号	项目	参数
5	最大扫描范围	510mm×520mm
6	光源形式	14线+1线蓝色激光
7	传输方式	USB 3.0
8	设备尺寸	298mm × 90mm × 74.5mm
9	设备质量	750g
10	输入电压、电流	DC 12V、5.0A
11	工作环境	温度 –20~40℃；湿度 10%~90%
12	兼容软件	Geomagic Solutions、PolyWorks、CATIA、SolidWorks、Creo、NX、Solid Edge、Autodesk Inventor、Alias、3ds Max、Maya 等
13	计算机配置要求	系统：Windows10，64位；显卡：NVIDIA GTX/RTX系列，GTX1080及以上；显存：≥4G；处理器：i7-8700；内存：≥32GB

认识逆向工程技术	学习任务单	班级：
		姓名：

请结合前面所述的知识，查阅相关资料，完成以下任务：

一、填空题

1. 逆向工程技术需要使用_____软件。
2. 逆向工程的主要技术有_____和_____。
3. 逆向工程的实现需要使用_____和_____。
4. 逆向工程技术可_____产品的开发周期。
5. 三维扫描仪主要是通过光照射物体表面，采集到_____，从而获取物体数据。
6. 三维扫描仪应用领域有_____、_____、_____、_____、_____和_____。

二、判断题

1. 逆向工程能够加快产品的开发设计与更新迭代。（　　）
2. 逆向工程技术不需要借助任何硬件设备。（　　）
3. 逆向工程能够更快、更准确地采集物体的表面数据。（　　）
4. 三维扫描仪是逆向工程技术中必不可少的硬件设备。（　　）
5. Geomagic Design X 软件是逆向工程软件。（　　）
6. 三维扫描仪可将物体表面形状和纹理等信息转化为数字化的数据。（　　）

三、简答题

1. 逆向工程中物体表面三维数据的获取方法有哪些？

2. 逆向工程技术的应用领域有哪些？

实训任务　认识逆向工程技术

实训器材

Geomagic Design X 软件、工作站计算机、手持式扫描系统 KW-MCS-01、配套工具。

作业准备

组装工作站计算机、安装 Geomagic Design X 软件、正常启动计算机与软件。

操作步骤

1. Geomagic Design X 软件界面

Geomagic Design X 软件功能非常强大，其中软件界面包含：菜单栏、工具栏、模型显示区、对话框树、特征树、模型树和偏差色带分析，如图 2-11 所示。

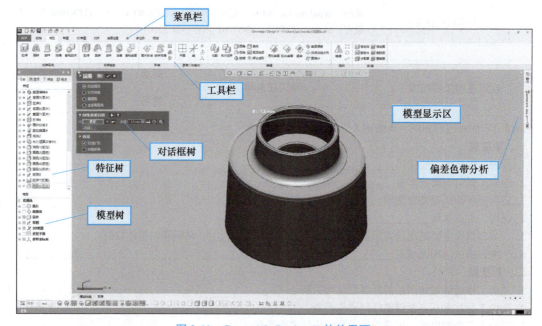

图 2-11　Geomagic Design X 软件界面

2. Geomagic Design X 软件基本操作

左键：选择；右键：旋转；鼠标滚轮：缩放；Ctrl+ 右键：移动。

3. Geomagic Design X 软件案例操作流程

（1）建模思路概述

1）建立坐标系。

2）分割特征领域与特征重建。

3）修剪曲面。

4)特征建模精度分析。

(2)入门基础案例建模操作步骤　本任务选用"花洒头"案例作为入门基础案例讲解逆向工程建模的操作流程。

步骤一: 导入模型网格面片。启动 Geomagic Design X 软件,在工具栏中单击"导入" 按钮,选择"花洒头"文件,导入其网格面片,结果如图 2-12 所示。

花洒头逆向
建模操作步骤

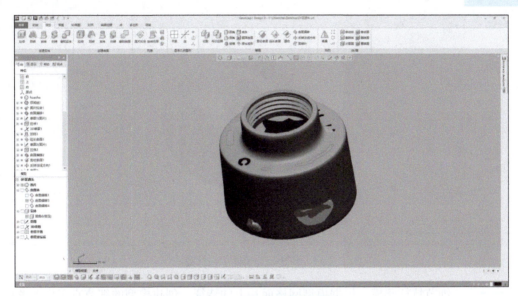

图 2-12　导入模型网格面片

步骤二: 建立坐标系。根据案例现有的特征创建基准轴或基准面,与全局空间坐标系进行对齐,形成特征建模可引用的坐标系,如图 2-13 所示。

图 2-13　建立坐标系

步骤三： 分割特征领域与特征重建。根据模型特征，将主体进行合理的拆分。外观主体曲面可使用"放样曲面"命令进行创建，创建完成后对多余的曲面进行修剪，直至模型主体曲面特征创建完成，如图 2-14 所示。

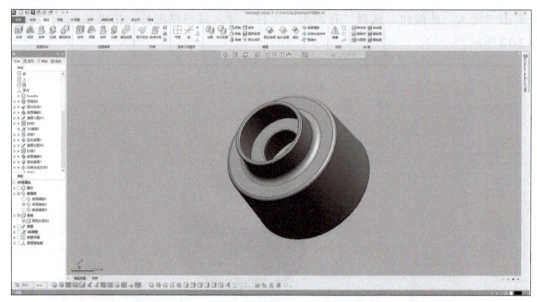

图 2-14　分割特征领域与特征重建

步骤四： 细节特征建模。根据模型网格面片上的特征，创建模型的细节直至模型整体特征建模完成，如图 2-15 所示。

图 2-15　细节特征建模

步骤五：特征建模精度分析。模型曲面创建完成后，通过建模实体与原始面片的偏差色带比对，得知特征建模的精度情况，如图 2-16 所示。

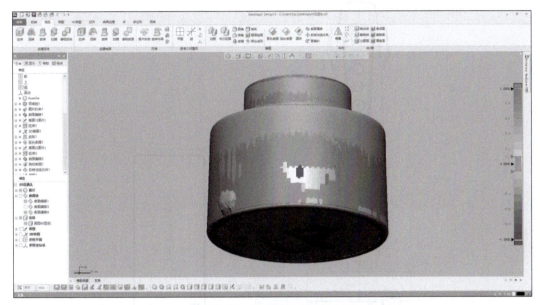

图 2-16　特征建模精度分析

步骤六：输出实体文件。案例模型重建确认无误后，即可输出三维实体文件，如图 2-17 所示。

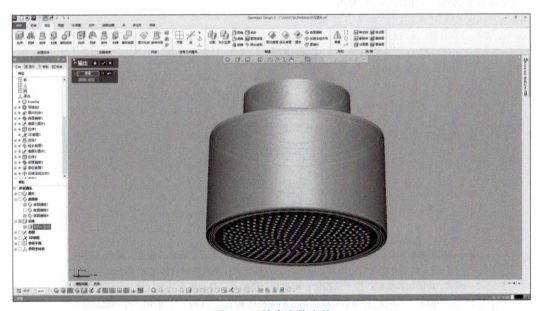

图 2-17　输出实体文件

至此，完成"花洒头"案例逆向工程模型重建。

4. 手持式扫描系统 KW-MCS-01 的组装

系统连接组装示意图如图 2-18 所示。

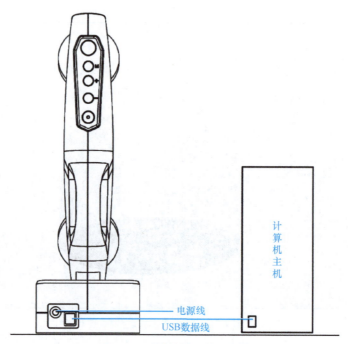

图 2-18　系统连接组装示意图

5. 手持式扫描系统 KW-MCS-01 按键说明

设备各模块分布如图 2-19 所示。

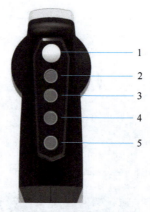

图 2-19　设备各模块分布

1—扫描距离指示灯。红色：太远；紫色：较远；蓝色：太近；青色：较近；绿色：适中。指示灯不亮则无效；没有足够的标记点被识别；距离被测物体过近或过远。

2—模式/功能切换按钮：按下该按钮，可进行扫描模式、参数界面功能切换，扫描模式包括"单线""多线"；参数界面包括"图像亮度调节""LED""退出"等功能。

3—操作按钮（＋）：参数示值增加或 3D 视图放大。

4—操作按钮（−）：参数示值减小或 3D 视图缩小。

5—基本操作按钮：开始扫描、暂停扫描、确定（进入模式/功能选择时的确定）按钮。

6. 手持式扫描系统 KW-MCS-01 校准标定

扫描仪标定的目的是确保所获取的数据和测量结果的准确性和可靠性。标定过程可以消除或校正扫描仪可能存在的误差，使其输出的数据更加准确和可重复。其主要目的如下。

1）精确度校准：扫描仪标定可以评估扫描仪的精确度，并校准其测量结果。

2）坐标系对齐：扫描仪标定可以确保采集的数据与所采集物体的真实世界坐标系对齐。

三维扫描仪标定校准

3）系统参数调整：扫描仪标定过程中，可以调整和优化扫描仪的内部参数和设置，以获得更好的性能和稳定性。

4）误差补偿：扫描仪标定可以检测并补偿可能存在的系统误差，如透镜畸变、平面度、角度误差等。

因此，扫描仪标定的目的是为了确保扫描仪的测量结果准确可靠，并提高扫描数据的质量和可用性。通过标定，可以消除或校正扫描仪本身的误差，并使其输出的数据更加准确地反映物体的真实形状和尺寸。

扫描仪标定的精度是决定系统扫描精度的重要因素。标定中需要使用标定系统，如图 2-20 所示。

（1）设备需校准标定的情况

1）首次使用。

2）经过长途运输后。

3）使用过程中受到强烈振动。

4）经过长时间后再次使用。

图 2-20　标定系统

（2）设备标定操作流程　摆放标定板（标定时应采用标定板的黑色背景面；校准时应采用白色背景面），单击工具栏中的"标定"按钮，弹出如图 2-21 所示的界面。

图 2-21 中，左边显示的是标定板与设备的相对位置示意；右边左侧指示器为扫描仪与标定板的前后位置关系示意，水平指示器为扫描仪与标定板的左右位置关系示意，右侧指示器为扫描仪与标定板的远近位置关系示意，中心圆圈为指示器与设备相对标定板的姿态关系示意。

标定的具体步骤如下。

步骤一：调整扫描仪与标定板之间的距离为 320mm 左右（以标定板为参照物），且初始相对位置如图 2-21 所示，并观察指示器中深蓝色滑块的位置，具体如下。

1）移动扫描仪使左侧指示器中深蓝色滑块在浅蓝色有效范围内。

2）移动扫描仪使水平指示器中深蓝色滑块在浅蓝色有效范围内。

3）移动扫描仪使中心深蓝色圆形滑块（带圆点指向）与浅蓝色圆重合。

4）最后调整扫描仪与标定板的远近距离，使右侧指示器中深蓝色滑块在浅蓝色有效范围内直至完成,有提示音表示该位置标定通过,由近到远共 3 个位置。

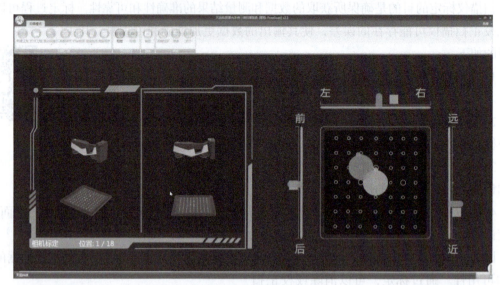

图 2-21 标定界面(一)

步骤二:调整扫描仪与标定板之间的距离为 320mm 左右(以标定板为参照物),且相对位置如图 2-22 所示,并观察指示器中深蓝色滑块的位置,具体如下。

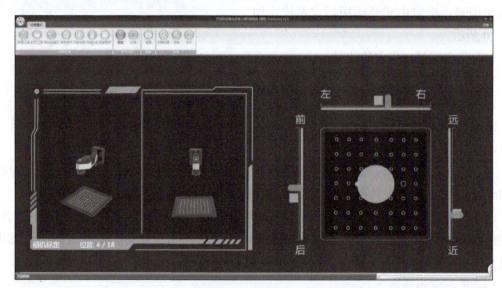

图 2-22 标定界面(二)

1)移动扫描仪使左侧指示器中深蓝色滑块在浅蓝色有效范围内。
2)移动扫描仪使水平指示器中深蓝色滑块在浅蓝色有效范围内。
3)移动扫描仪使中心深蓝色圆形滑块(带圆点指向)与浅蓝色圆重合。
4)最后调整扫描仪与标定板的远近距离,使右侧指示器中深蓝色滑块在浅蓝色有效范围内直至完成,有提示音表示该位置标定通过,由近到远共 3 个位置。

步骤三：调整扫描仪与标定板之间的距离为 320mm 左右（以标定板为参照物），并向右倾斜 45°，且相对位置如图 2-23 所示，并观察指示器中深蓝色滑块的位置，具体如下。

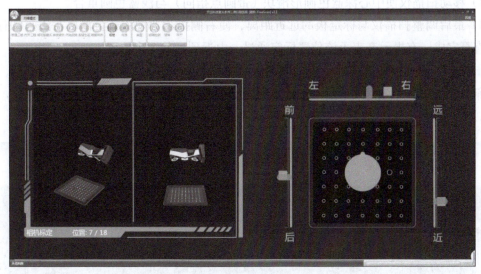

图 2-23　标定界面（三）

1）移动扫描仪使左侧指示器中深蓝色滑块在浅蓝色有效范围内。

2）移动扫描仪使水平指示器中深蓝色滑块在浅蓝色有效范围内。

3）移动扫描仪使中心深蓝色圆形滑块与浅蓝色圆重合。

4）最后调整扫描仪与标定板的远近距离，使右侧指示器中深蓝色滑块在浅蓝色有效范围内直至完成，有提示音表示该位置标定通过，由近到远共 3 个位置。

步骤四：调整扫描仪与标定板之间的距离为 320mm 左右（以标定板为参照物），并向左倾斜 45°，且相对位置如图 2-24 所示，并观察指示器中深蓝色滑块的位置，具体如下。

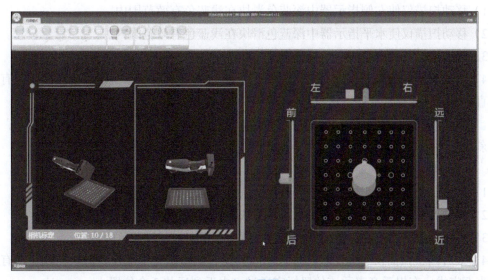

图 2-24　标定界面（四）

1）移动扫描仪使左侧指示器中深蓝色滑块在浅蓝色有效范围内。

2）移动扫描仪使水平指示器中深蓝色滑块在浅蓝色有效范围内。

3）移动扫描仪使中心深蓝色圆形滑块（带圆点指向）与浅蓝色圆重合。

4）最后调整扫描仪与标定板的远近距离，使右侧指示器中深蓝色滑块在浅蓝色有效范围内直至完成，有提示音表示该位置标定通过，由近到远共 3 个位置。

步骤五： 调整扫描仪与标定板之间的距离为 320mm 左右（以标定板为参照物），并向前倾斜 45°左右，且相对位置如图 2-25 所示，并观察指示器中深蓝色滑块的位置，具体如下。

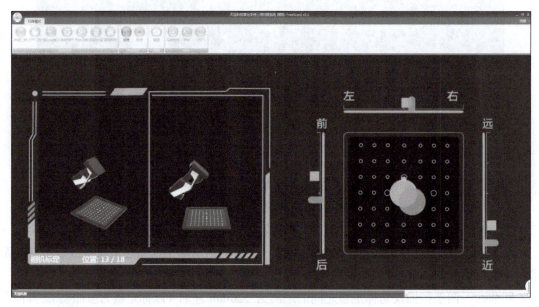

图 2-25　标定界面（五）

1）移动扫描仪使左侧指示器中深蓝色滑块在浅蓝色有效范围内。

2）移动扫描仪使水平指示器中深蓝色滑块在浅蓝色有效范围内。

3）移动扫描仪使中心深蓝色圆形滑块（带圆点指向）与浅蓝色圆重合。

4）最后调整扫描仪与标定板的远近距离，使右侧指示器中深蓝色滑块在浅蓝色有效范围内直至完成，有提示音表示该位置标定通过，由近到远共 3 个位置。

步骤六： 调整扫描仪与标定板之间的距离为 320mm 左右（以标定板为参照物），并向后倾斜 45°左右，且相对位置如图 2-26 所示，并观察指示器中深蓝色滑块的位置，具体如下。

1）移动扫描仪使左侧指示器中深蓝色滑块在浅蓝色有效范围内。

2）移动扫描仪使水平指示器中深蓝色滑块在浅蓝色有效范围内。

3）移动扫描仪使中心深蓝色圆形滑块（带圆点指向）与浅蓝色圆重合。

4）最后调整扫描仪与标定板的远近距离，使右侧指示器中深蓝色滑块在浅蓝色有效范围内直至完成，有提示音表示该位置标定通过，由近到远共 3 个位置。

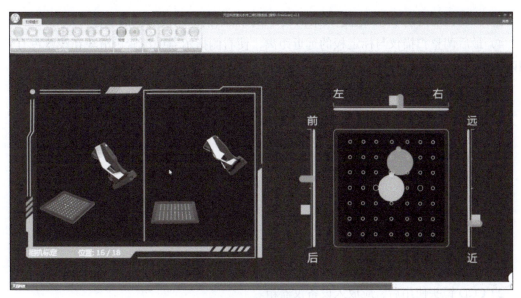

图 2-26　标定界面（六）

步骤七：单击对话框中的"确定"按钮。若提示"系统标定未成功，请重试！"，则继续上述六个操作步骤；若提示"系统标定成功！"，则标定板与扫描仪的相对位置关系如图 2-27 所示。

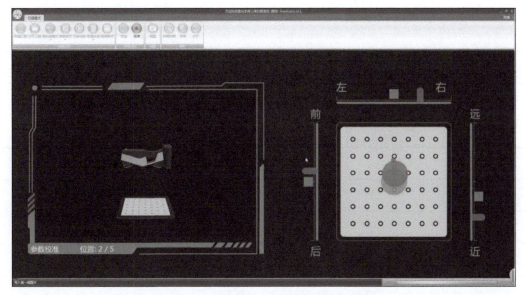

图 2-27　标定板与扫描仪的相对位置关系

步骤八：将扫描仪正对标定板（以标定板为参照物）进行校准，并观察指示器中深蓝色滑块的位置，具体如下。

1）移动扫描仪使左侧指示器中深蓝色滑块在浅蓝色有效范围内。

2）移动扫描仪使水平指示器中深蓝色滑块在浅蓝色有效范围内。

3)移动扫描仪使中心深蓝色圆形滑块（带圆点指向）与浅蓝色圆重合。

4)最后调整扫描仪与标定板的远近距离，使右侧指示器中深蓝色滑块在浅蓝色有效范围内直至完成，有提示音表示该位置标定通过，由近到远共 5 个位置。

注意：如果此步骤校准未通过，请重试步骤八直至通过。

7. 设备维护

（1）系统环境要求

1)扫描仪不宜在强光照射（如太阳光）下使用。

2)温度：5~40℃。

3)湿度：20%~80%。

4)环境清洁，无粉尘，无强烈振动。

（2）设备镜头维护

1)安装镜头时，要注意不能让灰尘等杂质进入 CCD 镜头内，否则不易清理。

2)CCD 镜头使用后，应放入设备仪器箱。

（3）长途运输后的维护

每次长途运输后必须校准，确保设备的精度。

请根据前面列出的关键知识点，整理软硬件使用中的心得与体会，撰写实训任务总结。

认识逆向工程技术			实习日期：	
姓名：		班级：	学号：	
自评：		互评：	师评：□合格 □不合格	教师签名：
日期：		日期：	日期：	
【评分细则】				

序号	评分项	得分条件	分值	评分要求	自评	互评	师评
1	安全/7S/态度	□能进行工位 7S 操作 □工位整洁 □计算机使用规范	20	未完成一项扣 5 分	□熟练 □不熟练	□熟练 □不熟练	□合格 □不合格
2	专业技能能力	作业 1： □完成学习任务单 □正确操作相关设备 作业 2： □按要求完成实训任务 □正确填写实训任务内容 作业 3： □填写实训任务总结	50	未完成一项扣 15 分，不得超过 50 分	□熟练 □不熟练	□熟练 □不熟练	□合格 □不合格
3	工具使用能力	□能正确使用 Geomagic Design X 软件 □能正确组装三维扫描仪 □能正确启动三维扫描仪 □能正确校准三维扫描仪	15	未完成一项扣 5 分，不得超过 15 分	□熟练 □不熟练	□熟练 □不熟练	□合格 □不合格
4	问题分析能力	□能判别三维扫描仪运行的情况 □能判别三维扫描仪组装的情况 □能判别三维扫描仪校准的情况 □能判别三维扫描仪使用状态 □能合理使用三维扫描仪	10	未完成一项扣 2 分	□熟练 □不熟练	□熟练 □不熟练	□合格 □不合格
5	表单撰写能力	□字迹清晰 □语句通顺 □无错别字 □无涂改 □无抄袭	5	未完成一项扣 1 分	□熟练 □不熟练	□熟练 □不熟练	□合格 □不合格
总分：							

任务二　产品部件数据采集

学习目标

◆ 知识目标
1）理解数据采集的流程。
2）理解数据采集前的准备工作。
3）理解数据采集的方法策略。

◆ 技能目标
1）掌握数据采集预处理的相关操作。
2）会使用三维扫描仪采集模型数据。
3）会使用 Geomagic Design X 软件配对扫描数据的坐标。
4）能够对采集的模型点云数据进行处理。

素养目标

1）通过在工作过程中与小组其他成员合作、交流，培养学生的团队合作意识，锻炼其沟通能力。
2）开展 7S 活动，培养学生的职业能力。

任务描述

由于产品更新迭代，电吹风底座功能与设计方面需要进一步优化，需要提取电吹风底座模型的三维数据。

相关知识

一、模型数据采集预处理

1. 显像剂

（1）显像剂的作用　本书以显像剂 DPT-5 为例，如图 2-28 所示。显像剂的作用是对光滑或反光物体进行喷涂乳化，使显像仪器对其反射的光线进行探测。

（2）显像剂的特点
1）无强烈刺激性气味，对人和动物无害。
2）快速渗透、快速显像，无须等待干燥。
3）水、溶剂清洗两用。
4）高检测灵敏度。
5）可检测较高要求的不锈钢材质，检测灵敏度（≤ 0.5μm）。

（3）显像剂的种类　显像剂按渗透探伤方法的不同可分为：水悬浮型（图2-29）、溶剂悬浮型（图2-30）、水溶性（图2-31）和干粉（图2-32）显像剂四种类型。本书实训任务使用水溶性显像剂进行相关操作。

图2-28　显像剂DPT-5

图2-29　水悬浮型显像剂

图2-30　溶剂悬浮型显像剂　　　图2-31　水溶性显像剂　　　图2-32　干粉显像剂

（4）显像剂的应用对象　黑色吸光、反光、透明以及透光物体均需在扫描测量前喷涂显像剂具体见表2-2。

表2-2　显像剂的应用对象

类型	原因	解决方法
黑色吸光、反光物体	因为扫描仪是蓝光扫描，而黑色吸光、反光物体无法反射信号得出物体的特征，所以无法直接进行扫描操作	外表面喷涂显像剂
透明、透光物体	因为透明、透光物体无法对光进行反射得出物体特征，所以无法直接进行扫描操作	外表面喷涂显像剂

2. 标记点

（1）标记点的作用　非编码标记点在逆向工程中扮演着重要的角色，可以作为扫描仪或其他测量设备用于定位和识别物体表面的特征点。这些特征点通常是与物体形状和结构相关的显著点，如边缘、角点或几何特征。通过检测和跟踪这些标记点，可以更精确地对物体进行扫描、测量和建模。若需将不同扫描或测量数据之间进行对齐和配准、合并数据时，通过检测和匹配非编码标记点，可以实现不同数据集的对齐和一致性。本任务主要以非编码标记点作为讲解范例，标记点如图 2-33 所示。标记点的作用是为了实现更高效的三维扫描处理，减少物体扫描拼接产生的精度误差，让测量结果更精确，能够达到测量要求。

图 2-33　标记点

（2）标记点的特点　标记点的特点是在扫描测量时逐点测量距离，计算出各点的空间位置。在扫描测量的过程中标记点需粘贴稳固，避免粘贴在目标物体的棱角特征处。

（3）标记点的种类与规格　标记点按种类可分为：编码标记点（图 2-34）和非编码标记点（图 2-35）。

图 2-34　编码标记点

图 2-35　非编码标记点

非编码标记点规格见表 2-3。在选定规格前，需根据被测目标物体的具体尺寸及特征，选用合适的规格。

表 2-3　非编码标记点规格　　　　　　　　　　（单位：mm）

内圈	0.4	0.8	1	1.5	2	3	3	5	6	8	10
外圈	2	2.5	3	3.5	4	5	7	10	10	16	20

(4)标记点的应用对象 标记点适用于回转物体以及大尺寸件,其使用原因分析见表 2-4。

表 2-4 标记点的使用原因分析

类型	原因	解决方法
回转物体	因为回转物体公共特征拼接处较少,所以难以进行扫描拼接操作,需要在物体表面贴上标记点起到拼接作用	在需拼接的位置贴标记点
大尺寸件	因为大尺寸的工件超过扫描仪的扫描幅面,无法扫描完全,所以需要在物体表面贴上标记点起到拼接作用	在需拼接的位置贴标记点

二、三维扫描仪标定

三维扫描仪标定是整个扫描系统精度的基础,因此扫描系统在安装完成后、第一次数据测量采集前必须进行标定。另外,在以下几种情况下同样需要进行标定操作。

1)对三维扫描仪进行远途运输。

2)对三维扫描仪内的硬件进行调整。

3)硬件发生碰撞或者严重振动。

4)三维扫描仪长时间不使用。

注意事项:三维扫描仪标定必须显示合格通过才可开始测量采集数据,如果最后系统计算得到的误差结果较大,标定精度不符合要求,则需要重新标定,否则会导致得到无效的采集精度与点云质量。

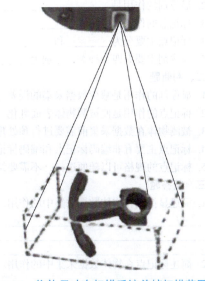

图 2-36 物体尺寸在扫描系统单帧扫描范围内

三、数据采集的策略

1. 特征拼接法(范围内)

被扫描物体的尺寸大小在扫描系统单帧扫描范围内,如图 2-36 所示。在这种情况下,只需考虑按照一个合适的扫描顺序,保证前后采集的图像数据提取出的标记点至少存在 3 个公共的标记点。

2. 特征拼接法(范围外)

被扫描物体的尺寸大小超出扫描系统的单帧扫描范围,在这种情况下,首次数据采集应从可得到最多标记点的目标物体中部开始,如图 2-37 所示。

3. 框架拼接法

在实际扫描中，如果被测物体不易移动，可使用辅助装置，如将被扫描物体放置在转台装置上。标记点可以粘贴在被测物体周边的转台表面，如图2-38所示。这种粘贴方案可以有效减少物体表面的标记点数量，使扫描数据尽可能少的产生缺失，但这种策略不允许被扫描物体与转台有任何的相位位移，否则会造成拼接误差增大，甚至导致数据采集失败。

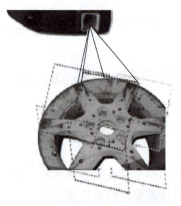

图2-37 物体尺寸超出扫描系统单帧扫描范围　　图2-38 标记点粘贴在被测物体周边的转台表面

产品部件数据采集	学习任务单	班级：
		姓名：

请结合前面所述的知识，查阅相关资料，完成以下任务：

一、填空题

1. 模型数据采集前需要进行_____。
2. 显像剂的作用是_____。
3. 标记点的作用是_____。
4. 标记点主要分为_____和_____。
5. 显像剂主要有四个种类，分别为_____、_____、_____和_____。

二、判断题

1. 显像剂的作用是减少数据采集的误差。（　　）
2. 标记点的作用是使被测物体表面乳化，使其不反光。（　　）
3. 被测物体在数据采集前需要进行预处理操作。（　　）
4. 标记点主要有非编码标记点和编码标记点两种。（　　）
5. 标记点的规格可以随便选择，不需要结合被测物体分析。（　　）

三、简答题

1. 简述显像剂在物体数据采集中的作用。

2. 简述标记点在物体数据采集中的作用。

3. 简述在哪些情况下，三维扫描仪需要标定。

实训任务　产品部件数据采集

实训器材

手持式扫描系统 KW-MCS-01 及配套工具、计算机、显像剂、清洗剂、渗透剂、标记点、油泥、一次性手套、一次性口罩、棉签、镊子、纸巾。

电吹风底座数据采集实例讲解

作业准备

检查三维扫描仪的开启状态,穿戴防护用具。

操作步骤

1. 喷涂显像剂

1)戴好一次性手套,用清洗剂将目标物体表面的污物(浮锈、油脂等)清洗干净,打开渗透通道。

2)用渗透剂对已处理干净的物体表面均匀喷涂后,等待 5~15min。

3)用清洗剂将物体表面的渗透剂擦洗干净。

4)将显像剂充分摇匀后,在距离目标物体 15~20cm 处均匀喷涂,如图 2-39 所示。

5)喷涂显像剂后,片刻即可观察缺陷。

6)检查完毕,用清洗剂擦洗去除显像剂。

图 2-39　用显像剂喷涂物体表面

2. 粘贴标记点

1)根据扫描的目标物体大小选择相应规格的标记点。

2)从标记点卷带上用手撕下标记点。

3)将标记点直接粘贴在物体对应处,如图 2-40 和图 2-41 所示。

图 2-40　粘贴标记点

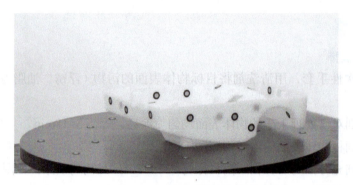

图 2-41　标记点粘贴效果

标记点粘贴注意事项：
1）标记点尽量粘贴在平面区域或者曲率较小的曲面，且距离物体边界较远一些。
2）标记点不要粘贴在一条直线上，且不要粘贴对称。
3）公共标记点至少为 3 个。因扫描角度等原因，一般建议 5~7 个为宜。
4）标记点应使相机在尽可能多的角度可以同时看到。

3. 数据采集
1）启动 KW-MCS-01 设备配套数据采集系统。
2）开始对目标物体进行数据采集，如图 2-42 所示。
3）直至目标物体数据完整采集出来，如图 2-43 所示。

4. 采集数据的处理
（1）点云阶段的处理　步骤如下：
1）去除数据采集过程中产生的杂点、噪声点，其处理流程如图 2-44 所示，处理完成后结果如图 2-45 所示。
2）将点云文件三角面片化（封装），保存为 STL 文件格式。

点云数据处理

图 2-42　开始数据采集

图 2-43　目标物体特征数据采集

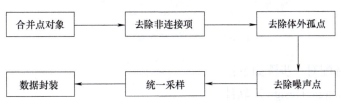

图 2-44　点云阶段处理流程

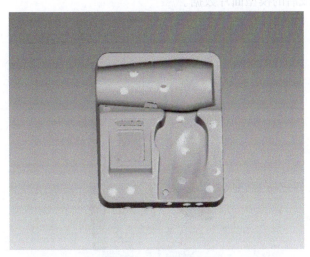

图 2-45　点云处理结果

（2）多边形阶段的处理　步骤如下：

1）将模型的面片数据处理光顺、完整，其处理流程如图 2-46 所示，处理完成后结果如图 2-47 所示。

2）保持数据的原始特征。

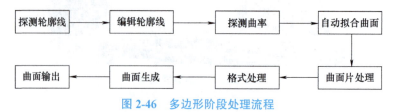

图 2-46　多边形阶段处理流程

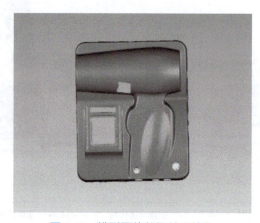

图 2-47　模型面片数据处理结果

（3）全局坐标配对　步骤如下：

1）启动 Geomagic Design X 软件。

2）通过模型面片数据原有的特征作为基准进行配对，如图 2-48 和图 2-49 所示。

3）保存配对完成后的模型面片数据。

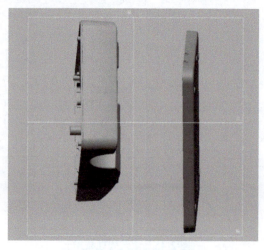

图 2-48　全局坐标配对前

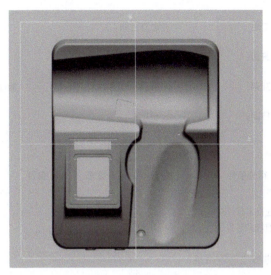

图 2-49 全局坐标配对后

请根据前面列出的关键知识点,整理产品部件数据采集中的心得与体会,撰写实训任务总结。

产品部件数据采集		实习日期：	
姓名：	班级：	学号：	教师签名：
自评：	互评：	师评：□合格 □不合格	
日期：	日期：	日期：	

【评分细则】

序号	评分项	得分条件	分值	评分要求	自评	互评	师评
1	安全/7S/态度	□能进行工位7S操作 □操作前能穿戴防护用具 □能进行"三不落地"操作	20	未完成一项扣5分	□熟练 □不熟练	□熟练 □不熟练	□合格 □不合格
2	专业技能能力	作业1： □完成学习任务单 □正确使用显像剂、选用标记点 作业2： □按要求完成模型数据采集预处理 □按要求完成模型数据采集 □按要求完成模型数据处理 作业3： □填写实训任务总结	50	未完成一项扣15分，不得超过50分	□熟练 □不熟练	□熟练 □不熟练	□合格 □不合格
3	工具使用能力	□能正确使用显像剂工具 □能正确使用标记点工具 □能正确使用数据采集设备 □能正确使用数据采集软件	15	未完成一项扣5分，不得超过15分	□熟练 □不熟练	□熟练 □不熟练	□合格 □不合格
4	问题分析能力	□能判别喷涂显像剂的情况 □能判别粘贴标记点的情况 □能判别数据采集的完整性 □能判别数据处理的合理性	10	未完成一项扣2分	□熟练 □不熟练	□熟练 □不熟练	□合格 □不合格

(续)

序号	评分项	得分条件	分值	评分要求	自评	互评	师评
5	表单撰写能力	□字迹清晰 □语句通顺 □无错别字 □无涂改 □无抄袭	5	未完成一项扣1分	□熟练 □不熟练	□熟练 □不熟练	□合格 □不合格
总分：							

任务三　产品部件逆向建模

学习目标

◆ 知识目标

1）理解逆向工程软件的建模方法。

2）理解产品部件逆向建模的过程。

◆ 技能目标

1）掌握逆向工程中重构模型的思路。

2）掌握逆向工程软件的操作。

3）能够通过逆向工程软件对模型数据进行特征重构。

素养目标

1）通过在工作过程中与小组其他成员合作、交流，培养学生的团队合作意识，锻炼其沟通能力。

2）开展 7S 活动，培养学生的职业能力。

任务描述

本任务使用 Geomagic Design X 逆向工程软件进行模型的重构，基于电吹风底座零部件的模型重构操作，进一步掌握软件的操作方法并进行项目训练。

逆向建模

相关知识

一、建模流程介绍

利用处理好的网格面片数据文件，经过 Geomagic Design X 软件特征重建得到 STP 格式实体数据。详见相关微课视频。

二、建模思路

1）建立特征。

2）编辑特征。

3）建模精度分析。

4）输出实体模型文件。

产品部件逆向建模	学习任务单	班级：
		姓名：

请结合前面所述的知识，查阅相关资料，完成以下任务：

一、填空题

1. 本书中的逆向工程软件是_____。
2. 逆向建模属于_____。
3. 逆向工程的别称是_____。
4. 模型重构前需要进行_____。
5. 逆向工程技术中主要应用_____。

二、判断题

1. 逆向工程技术不需要借助物体实物。（   ）
2. 逆向建模比传统的正向建模周期短。（   ）
3. 逆向工程技术不存在尺寸误差。（   ）
4. 逆向工程技术与 3D 打印技术毫无关联。（   ）
5. 逆向工程软件在模型重构前需要进行坐标系全局坐标配对。（   ）

三、简答题

1. 逆向工程重构模型主要的流程是什么？

_____

_____

_____

2. 逆向工程重构模型过程中出现的误差主要有哪些？请简述原因。

_____

_____

_____

3. 简述逆向工程技术的特点（至少列举 3 点）。

_____

_____

_____

实训任务　产品部件逆向建模

实训器材

计算机、Geomagic Design X 软件。

作业准备

计算机正常启动、Geomagic Design X 软件正常启动，添加逆向工程数据文档。

操作步骤

1. 使用 Geomagic Design X 逆向建模电吹风底座

步骤一： 建立特征。根据模型面片划分各个特征区域，利用"面片草图"与"实体特征"命令建立特征，如图 2-50 所示。

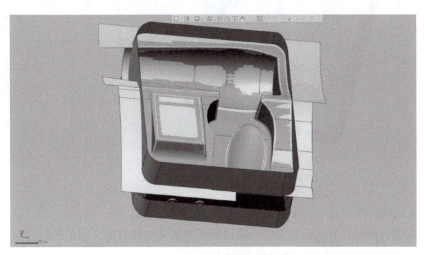

图 2-50　建立特征

步骤二： 特征编辑。使用曲面拟合创建的曲面对多余部分的实体进行修剪，并根据面片创建工艺圆角特征，完成特征编辑后如图 2-51 所示。

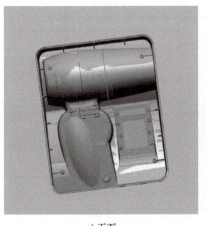
a) 正面

b) 背面

图 2-51　特征编辑

2. 建模精度分析

使用软件中的偏差分析功能，通过实物采集的数据与重建三维模型比对，得出重建模型的建模精度与误差分析，结果如图 2-52 所示。可对存在较大偏差的区域再次编辑。

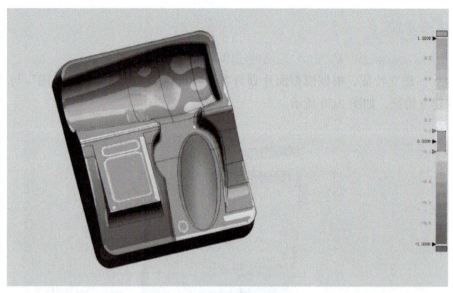

图 2-52　建模精度分析

3. 输出实体模型文件

选定存放的目标路径并且命名文件，输出所需的实体文件数据，用于产品后期原型制作。至此，电吹风底座零件逆向建模操作完成。

请根据前面列出的操作步骤，开展项目训练，总结自身建模训练过程中的难点及解决办法，撰写实训任务总结。

产品部件逆向建模			实习日期:	
姓名:		班级:	学号:	
自评:		互评:	师评: □合格 □不合格	教师签名:
日期:		日期:	日期:	
【评分细则】							

序号	评分项	得分条件	分值	评分要求	自评	互评	师评
1	安全/7S/态度	□能进行工位 7S 操作 □操作前能穿戴防护用具 □能进行"三不落地"操作	20	未完成一项扣 5 分	□熟练 □不熟练	□熟练 □不熟练	□合格 □不合格
2	专业技能能力	作业 1: □完成学习任务单 □正确填写题目答案 作业 2: □按要求完成模型逆向建模 □按要求完成重建模型的建模精度与误差分析 □按要求完成重建模型输出 作业 3: □填写实训任务总结	50	未完成一项扣 15 分,不得超过 50 分	□熟练 □不熟练	□熟练 □不熟练	□合格 □不合格
3	工具使用能力	□能正确使用逆向工程软件	15		□熟练 □不熟练	□熟练 □不熟练	□合格 □不合格
4	问题分析能力	□能判别模型主体重建情况 □能判别模型细节重建情况 □能判别重建模型精度情况	10	未完成一项扣 2 分	□熟练 □不熟练	□熟练 □不熟练	□合格 □不合格
5	表单撰写能力	□字迹清晰 □语句通顺 □无错别字 □无涂改 □无抄袭	5	未完成一项扣 1 分	□熟练 □不熟练	□熟练 □不熟练	□合格 □不合格
总分:							

模块三　产品零部件创新设计

素养园地

产品创新设计（图3-1）对于企业和整个社会的发展都具有重要意义。它不仅能够满足不断变化的市场需求，还能够推动技术进步和产业升级，提升用户体验和价值，并实现可持续发展目标。因此，企业应当重视产品创新设计，投入资源和精力进行创新，以保持其市场竞争力和可持续发展。国内外有很多这方面的积极案例，以下是几个具有代表性的产品创新设计案例。

华为手机：华为作为我国领先的科技公司，其手机产品一直以来都注重创新设计。例如，华为P30系列采用了独特的色彩渐变设计，引入了全新的相机系统和人工智能功能，提供了令人印象深刻的用户体验。

小米生态链产品：小米是我国知名的科技公司，其生态链产品以创新设计著称。例如，小米智能手环、智能灯泡、智能摄像机等产品融合了便捷性、智能化和用户友好性，满足了用户日常生活的多样化需求。

美的空调：美的集团是我国领先的家电制造商，其空调产品在创新设计方面具有显著特点。例如，美的空调引入了全直流变频技术，实现了更高的能效和舒适性，并通过简洁的外观设计与用户的生活环境相融合。

这些典型案例展示了我国企业在产品创新设计方面的成就和突破。它们不仅满足了消费者的需求，还在技术、功能、用户体验等方面取得了显著进展，推动了整个行业的发展。这些成功的案例也为其他企业提供了借鉴和启发，鼓励他们在产品创新设计方面进行更多的探索和实践。

图3-1　产品创新设计

任务一　产品创新思路

学习目标

◆ 知识目标
1）理解产品创新的依据原则。
2）理解产品创新的方案。

◆ 技能目标
1）能够针对教学示例产品列出现存不足。
2）能够针对教学示例产品列出创新方案。

素养目标

1）通过在工作过程中与小组其他成员合作、交流，培养学生的团队合作意识，锻炼其沟通能力。
2）开展 7S 活动，培养学生的职业能力。

任务描述

一款好的产品或零部件应具备解决问题的实用价值，以使用者为核心，从实用性的需求出发。设计的核心原则是以用户为中心，设计的核心价值是以创新为驱动。本任务从创新设计需要考虑的原理与思维出发，讲解确定产品创新设计的内涵与基本方案。

相关知识

一、创新设计的核心原则

创新设计的核心原则是以使用者为中心，在设计过程中以用户体验作为设计创意的中心，强调使用者优先的设计模式。简而言之，在进行产品设计、开发以及维护时，应从用户的需求和感受出发，以用户为中心进行产品设计、开发及维护，而不是让用户去适应产品。

衡量一个以用户为中心的好的产品设计，有以下几个维度：产品在特定的使用环境下，为特定用户用于特定用途时所具有的有效性（Effectiveness）、效率（Efficiency）和用户主观满意度（Satisfaction）；延伸开来，还包括对特定用户而言的产品的易学程度、对用户的吸引程度、用户在体验产品前后的整体心理感受等。

图 3-2 所示为创新设计的核心原则——以用户为中心的思维路径。作为设计师应该深入了解用户使用时的痛点、提取场景化的故事、关注科技、引爆产品和懂得生产制造的流程。

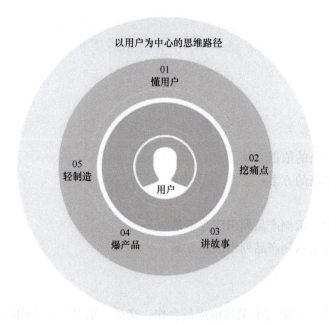

图 3-2 创新设计的核心原则

1. 以用户为中心的意义

1）一个产品的来源可能有很多种：用户需求、企业利益、市场需求或技术发展的驱动。从本质上来看，这些不同的来源并不矛盾。一个好的产品，首先是用户需求和企业利益（或市场需求）的结合，其次是低开发成本，而这两者都可能引发对技术发展的需求。

① 能够在产品的早期设计阶段，充分地了解目标用户群的需求和市场需求，就能最大限度地降低产品的后期维护甚至返工的成本。如果在产品中给用户传达"我们很关注他们"这样的感受，用户对产品的接受程度就会上升，同时能更大程度地容忍产品的缺陷。

② 基于用户需求的设计，往往能对设计"未来产品"很有帮助，"好的体验应该来自用户的需求，同时超越用户需求"，这同时也有利于对系列产品的整体规划。

2）随着用户有着越来越多的同类产品可以选择，用户会更注重他们使用这些产品过程中所需要的时间成本、学习成本和使用感受。

① 时间成本：简而言之，就是用户操作某个产品时需要花费的时间。如果产品无法传达任何积极的使用感受，让用户快速地完成他们所需要的功能，这是最基本的用户价值。

② 学习成本：这一点对于软件产品尤为关键。因为同类产品很多，同时容易获得，对于新用户，他们还不了解不同产品之间的细节价值，那么影响他们选择某个产品的一个关键点就在于哪个产品能让他们简单地上手。

③ 使用感受：建立在前面两点的基础上，但更重要，因为一个产品给用户带来极为美妙的情绪感受，从而让他们愿意花费时间去学习和使用这个产品。

2. 以用户为中心的重要性

以用户为中心的重要性主要有四点，见表 3-1。

表 3-1　以用户为中心的重要性

重要性	说明
用户数量产生市场需求	用户作为市场中最重要的购买方，用户的决定将改变市场的方向，而当用户数量变多时，这种变化会呈数量级上升
用户喜好影响产品生命周期	如果用户认为某款产品失去了使用价值，那么该产品将面临淘汰，甚至出现彻底消失的状况
用户有挑选产品的能力	由于全球经济合作的影响，产品的质量、差异化、可用性、易用性等变量逐渐成为用户挑选产品的参考因素
现实用户影响潜在用户	用户购买产品后，经过一系列使用和评估，任何对产品不利的观点都可能会被用户放大

二、创新设计的核心价值

创新设计的核心价值是以创新为驱动。

1. 创新与创新思维

创新是指以现有的思维模式提出有别于常规或常人思路的见解，以此为导向，利用现有的知识和物质，在特定的环境中，本着理想化需要或为满足社会需求，去改进或创造新的事物、方法、元素、路径、环境，并能获得一定有益效果的行为。创新具有 3 层含义：第一，更新；第二，创造新的东西；第三，改变。

创新思维是指以新颖、独创的方法解决问题的思维过程，通过这种思维能突破常规思维的界限，以超常规甚至反常规的方法、视角去思考问题，提出与众不同的解决方案，从而产生新颖、独到、有价值意义的思维成果。

图 3-3 所示为创新设计的核心思想——创新思维路径图，即在以用户为核心的原则基础上提升创新思维。

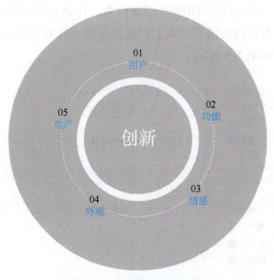

图 3-3　创新思维路径图

2. 产品创新的原理

图 3-4 所示为产品创新金字塔，把产品创新分为 5 个层面。

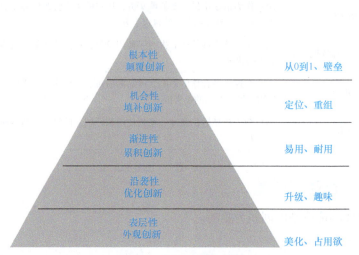

图 3-4　产品创新金字塔

第一层是表层性外观创新，主要是在外观上进行美化再设计；第二层是沿袭性优化创新，即对前一代产品进行优化升级设计；第三层为渐进性累积创新，即对产品的功能进行完善，让产品更易用、更具价值；第四层为机会性填补创新，即对已有的产品（成功或失败的）在原有设计的基础上进行重新定位，寻找新的功能价值；第五层为根本性颠覆创新，即市场上完全没有的、从无到有的创新方式，这个要依靠科技创新。创新金字塔从下往上难度逐渐增加，同样创造的价值也逐渐提高，创新程度和价值含量必然导致产品之间的差异化。

3. 产品创新的目的

产品创新的目的之一是通过不间断的创新行为，让企业在消费者心中建立独特的价值感，满足不同层次消费者在内心需求层面上的成长需求，从而建立企业品牌忠诚度。

产品创新层次分解如图 3-5 所示。

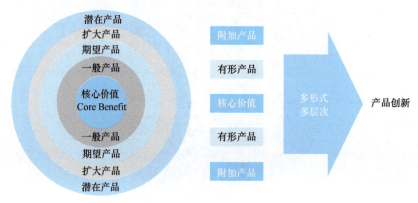

图 3-5　产品创新层次分解

4. 产品创新的流程

创新通常不会是一蹴而就的，互联网时代的到来让产品更新变化更快，创新速度也就越来越快。

产品创新的流程如图3-6所示。首先要知道产品的主要功能，即为用户解决什么问题；其次要了解用户在使用产品时的体验，核心问题是找出用户在使用产品时的痛点、产品的不足，通过深度创新设计来解决产品的核心问题，最终对产品创新进行优化完善。

图 3-6　产品创新的流程

产品创新思路	学习任务单	班级： 姓名：

请结合前面所述的知识，查阅相关资料，完成以下任务：

一、填空题
1. 创新设计的核心原则是_____。
2. 创新设计的意义是_____。
3. 产品创新的原理是_____。
4. 产品创新设计金字塔的第一层是_____。
5. 产品创新设计金字塔的第二层是_____。

二、判断题
1. 产品创新设计与成本无关。（　　）
2. 产品创新设计的核心原则是以人为本。（　　）
3. 产品创新设计是为了用户更好地使用产品。（　　）
4. 产品创新能够提升用户使用体验。（　　）
5. 产品创新的方法是唯一的。（　　）

三、简答题
1. 简述创新设计的核心原则。
_____
_____

2. 简述产品创新的原理。
_____
_____

3. 简述产品创新的目的。
_____
_____

实训任务　产品创新思路

实训器材
电吹风案例、计算机、A4 白纸、黑色签字笔。

作业准备
启动计算机并连接网络。

操作步骤

1. 整体分析产品
针对现有的电吹风案例,分析产品现存不足,见表 3-2。

电吹风结构分析与改进策略

表 3-2　分析电吹风现存不足

现存不足	说明
有电源线连接	使用区域限制性较大
质量大	电吹风质量较大,长时间使用手部出现疲劳
使用不方便	电吹风需要一只手握拿使用,无法释放双手
功能用途少	只可吹干头发,但吹头发过程中掉落的头发无法清理

2. 制订改进方案
整体分析产品后制订产品改进方案,见表 3-3。

表 3-3　制订产品改进方案

现存不足	改进方案
有电源线连接	采用充电方式,无电源线,使用区域不受限制
质量大	主体零部件采用轻量化材质,达到减重的目的
使用不方便	可采用底部吸附的设计,使用过程中不需手握拿
功能用途少	可增加微型吸尘功能,吸走吹头发过程中掉落的头发

3. 创新设计效果
(1)无线电吹风　无线电吹风可充电、可随身携带,能在任何地方使用。它不仅无线而且智能,内置的传感器会分析周围的空气质量和湿度,修改加热的设置以适应所处的环境,如图 3-7 和图 3-8 所示。

(2)轻量化电吹风　使用具有高强度和耐磨性的竹子作为吹风机的材料,便于拆解以替换或修复损坏部分,并且摆脱了对开关的需要。轻量化电吹风把手可以折叠,通过简单地旋转底部就可以启动吹风机，如图 3-9 和图 3-10 所示。

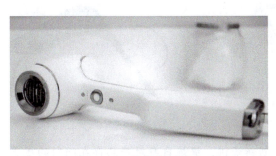

图 3-7　无线电吹风外形

图 3-8　无线电吹风应用场景

图 3-9　轻量化电吹风外形

图 3-10　轻量化电吹风应用场景

（3）人体工学电吹风　采用人体工程学设计，人体工学电吹风底座可吸附在任何表面上，让使用者腾出手以便更好梳理头发，如图 3-11 和图 3-12 所示。

图 3-11　人体工学电吹风外形

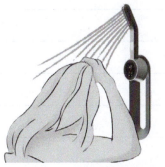

图 3-12　人体工学电吹风应用场景

（4）多功能用途电吹风　多功能用途电吹风不仅能吹干头发，其手柄端还是一个吸尘器，能够轻松吸走散落的发丝，如图 3-13 和图 3-14 所示。

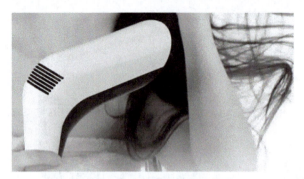 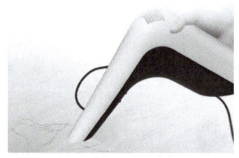

图 3-13　多功能用途电吹风外形　　　　　图 3-14　多功能用途电吹风应用场景

请根据前面开展的创新开发原则及提供的创新资讯，提炼自身对产品存在问题的观点，并针对所提出观点提出创新设计方案，撰写实训任务总结。

产品创新思路			实习日期：				
姓名：		班级：		学号：			
自评：		互评：		师评：□合格 □不合格		教师签名：	
日期：		日期：		日期：			
【评分细则】							
序号	评分项	得分条件	分值	评分要求	自评	互评	师评
1	安全/7S/态度	□能进行工位7S操作 □能进行"三不落地"操作	20	未完成一项扣10分	□熟练 □不熟练	□熟练 □不熟练	□合格 □不合格
2	专业技能能力	作业1： □完成学习任务单 □正确填写题目答案 作业2： □按要求列出电吹风产品现存的缺陷 □列出电吹风产品的改善方案 作业3： □填写实训任务总结	50	未完成一项扣15分，不得超过50分	□熟练 □不熟练	□熟练 □不熟练	□合格 □不合格
3	工具使用能力	□能正确规范使用拆装工具	15		□熟练 □不熟练	□熟练 □不熟练	□合格 □不合格
4	问题分析能力	□分析电吹风使用场景问题 □分析电吹风功能用途问题 □制订电吹风产品使用场景的改进方案 □制订电吹风产品功能用途的改进方案	10	未完成一项扣2分	□熟练 □不熟练	□熟练 □不熟练	□合格 □不合格
5	表单撰写能力	□字迹清晰 □语句通顺 □无错别字 □无涂改 □无抄袭	5	未完成一项扣1分	□熟练 □不熟练	□熟练 □不熟练	□合格 □不合格
总分：							

任务二 零部件创新设计

学习目标

◆ 知识目标

1）理解电吹风产品零部件的设计常用方案。

2）理解电吹风产品零部件设计的现存不足。

3）理解人机工程学核心内容。

◆ 技能目标

1）能够指出电吹风示例零件设计上的不足。

2）能够结合人机工程学制订电吹风示例零件的改进方案。

素养目标

1）通过在工作过程中与小组其他成员合作、交流，培养学生的团队合作意识，锻炼其沟通能力。

2）开展 7S 活动，培养学生的职业能力。

任务描述

教学案例的电吹风产品由于年代久远，存在质量较大、使用体验较差以及使用过程噪声大等问题，现需要针对现存问题做进一步设计与制造工艺的改进，从而改善电吹风产品的整体使用体验。本任务通过学习人机工程学相关内容，对电吹风产品零部件的设计缺陷进行分析与改进。

相关知识

一、人机工程学

人机工程学是研究人、机器及其工作环境之间相互作用的学科。现今，人机工程学的发展以及应用已经成为工程技术人员关注的重点，成为实现工业设计目标的重要手段之一。

1. 人机工程学内容

人机工程学的显著特点是研究人、机、环境三个要素，主要任务是建立合理而可行的人机系统，更好地实施人机功能分配，更有效地发挥人的主体作用，并为劳动者创造安全舒适的环境，实现人机系统"安全、经济、高效"的综合效能。

2. 手持产品设计

手持工具是人类四肢的扩展，人们在工作、生活中缺少不了工具，而传统的工具产品有许多已不能满足现代生产和生活的需要，人们在使用过程中长期使用设计存在缺陷的工具，容易造成身体不适、损伤或疾患，甚至降低生产率。

（1）手持产品设计的生理学基础　电吹风产品属于手持类型的家电产品，其人机学因素很大程度上取决于人手的结构特点。手部是由骨、血管、神经、韧带和肌腱等组成的复杂结构（图 3-15）。手指的伸屈、抓握，手部的伸屈、转动都是由肌肉力量带动的。如果产品使用或受力需要手臂、手腕扭转，会使各肌肉束互相干扰，将影响这些肌肉顺利发挥其正常功能，进而严重影响使用的体验感。

（2）手持产品设计的一般原则　手持产品设计的一般原则包括如下内容：

1）必须有效地实现预定的功能。

2）必须与操作者身体成适当比例，使操作者发挥最大效率。

3）必须按照操作者的力度和作业能力设计。

4)工具要求的作业姿势不能引起操作者过度疲劳。

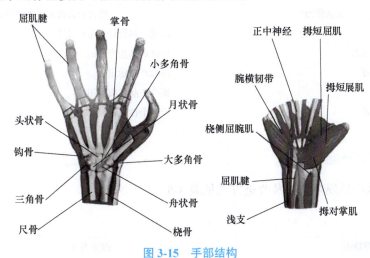

图 3-15　手部结构

二、创新设计的实现方式

创新设计的实现可以采用多种方法和策略，以下是一些常见的实现方式。

1）用户研究：通过深入了解目标用户、观察用户行为和需求，从用户的角度出发来理解和解决问题。用户研究包括访谈、观察、问卷调查等方法，以获取对用户需求的洞察和理解。

2）创意思维：采用创意思维方法，如头脑风暴、关联法、逆向思考等，跳出传统框架，发散思维，寻找新的解决方案和创新点。创意思维能够激发创意灵感，推动设计师提出独特和创新的设计概念。

3）原型制作：通过制作初步的产品原型，可以快速验证和调整设计概念。原型可以是低保真的草图或模型，也可以是高保真的交互式界面，用于测试和收集用户反馈，优化设计方案。

4）跨学科合作：将不同领域的专业人士汇集在一起，共同参与设计过程。跨学科合作能够结合各种专业知识和视角，促进创新思维和设计解决方案的多样性。

5）技术应用：了解和掌握新兴技术的应用，如人工智能、物联网、增强现实等，将其融入产品设计中。技术的创新应用可以为产品带来全新的功能和用户体验。

6）反馈循环：持续与用户和利益相关者进行反馈和沟通，不断改进和优化设计。通过用户测试、市场调研和用户反馈收集，及时调整设计方案，确保产品能够满足用户需求和市场需求。

7）持续学习和追踪趋势：紧跟行业发展和应用趋势，不断学习新知识和技能，了解新的设计方法、材料和技术，关注用户行为和市场变化，以保持竞争力和创新优势。

这些实现方式可以单独应用或结合使用，根据具体情况进行选择和调整。创新设计需要灵活性和开放性，鼓励设计师在设计过程中不断尝试和探索，以寻找出最优的创新解决方案。

原型是方案的初步实现，通过制作出可视化的产品或服务原型，可以更加清晰地展示方案的核心功能和特点。在快速原型制作中，增材制造技术是重要的实现手段。增材制造技术为产品创新设计带来巨大的突破，见表 3-4。

表 3-4　增材制造技术为产品创新设计带来的突破

产品创新因素	增材制造技术带来的突破
缩短设计时间	降低产品设计和生产成本
降低结构设计限制性	压缩成品生产时间
提升产品制造效率	提高产品稳定性
材料可塑性强	提高产品材料耐用性
产品个性化程度高	产品个性化定制

三、电吹风产品的痛点

传统电吹风产品现存缺陷及改进方式见表 3-5。

表 3-5　电吹风现存缺陷及改进方式

现存缺陷	改进方式
电吹风噪声过大	通过改变电吹风产品的内部结构、增加吸音材料等方式来降低噪声
吹热风对头发的损伤	附加头发保护装置
电吹风质量过大	使用轻量化材料制造电吹风,同时减少不必要的部件,控制整体质量,改善使用的体验

零部件创新设计	学习任务单	班级:
		姓名:

请结合前面所述的知识,查阅相关资料,完成以下任务:

一、填空题

1. 人机工程学的显著特点是研究_____、_____、_____三个要素。
2. 电吹风产品属于_____的家电产品。
3. 人们长期使用设计存在缺陷的工具,容易造成_____、_____、_____。
4. 用户研究可以包括_____、_____、_____等方法。
5. 采用创意思维方法,如_____、_____、_____、_____等。

二、判断题

1. 产品设计过程中不需要考虑人机工程的相关事宜。（　　）
2. 通过制作初步的产品原型,可以快速验证和调整设计概念。（　　）
3. 原型是方案的初步实现。（　　）
4. 电吹风产品人机学因素很大程度上取决于人手的结构特点。（　　）
5. 创新设计需要灵活性和开放性,鼓励设计师在设计过程中不断尝试和探索,以寻找出最优的创新解决方案。（　　）

三、简答题

1. 简述人体工程学的主要内容。

_____
_____

2. 简述市面上电吹风产品主要存在的设计缺陷。

_____
_____

实训任务　零部件创新设计

实训器材
电吹风案例、计算机、配套拆装工具。

作业准备
拆解电吹风案例各零部件，分类电控零部件与外壳类零部件。

操作步骤

1. 分析产品零部件问题

电吹风零部件设计缺陷见表 3-6。

表 3-6　电吹风零部件设计缺陷

序号	零部件名称	零部件图片	存在缺陷
1	电吹风出风口		出风不集聚，风力弱
2	电吹风换档控制按钮	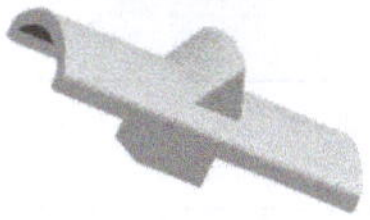	没有做防滑处理，使用体验较差
3	电吹风开关按钮		塑料材质使用寿命短，长期使用后容易黏滞

2. 产品零部件改进策略

电吹风零部件改进策略见表 3-7。

表 3-7　电吹风零部件改进策略

序号	零部件名称	零部件图片	改进策略
1	电吹风出风口		① 出风集聚，增强风力，提升发型定型作用 ② 提升产品造型的美观性 ③ 提供安全保障，避免手指误入被卡住而发生意外，同时避免产生细小元件飞出

（续）

序号	零部件名称	零部件图片	改进策略
2	电吹风换挡控制按钮		① 防滑处理 ② 方便按压
3	电吹风开关按钮		① 采用数控铣削加工，使用铝材料，手感更佳 ② 手指作用力的部位可做仿形设计，起到防滑与按压便捷的作用

请根据前面展示的产品创新设计流程，分析产品存在的缺陷，提炼创新设计方案，并提出自己的创新设计方案。并针对所提出的方案阐述设计理由，撰写实训任务总结。

_____
_____
_____
_____
_____
_____
_____
_____
_____
_____
_____
_____
_____
_____

零部件创新设计			实习日期：			
姓名：		班级：	学号：			
自评：		互评：	师评：□合格 □不合格		教师签名：	
日期：		日期：	日期：			
【评分细则】							

序号	评分项	得分条件	分值	评分要求	自评	互评	师评
1	安全/7S/态度	□能进行工位 7S 操作 □能进行"三不落地"操作	20	未完成一项扣 10 分	□熟练 □不熟练	□熟练 □不熟练	□合格 □不合格
2	专业技能能力	作业 1： □完成学习任务单 □正确填写题目答案 作业 2： □按要求列出产品零部件现存的缺陷 □列出产品零部件的改善方法 作业 3： □填写实训任务总结	50	未完成一项扣 15 分，不得超过 50 分	□熟练 □不熟练	□熟练 □不熟练	□合格 □不合格
3	工具使用能力	□能正确规范使用拆装工具	15		□熟练 □不熟练	□熟练 □不熟练	□合格 □不合格
4	问题分析能力	□分析电吹风出风口设计缺陷 □分析电吹风换档控制按钮设计缺陷 □制订电吹风出风口改进策略 □制订电吹风换档控制按钮改进策略	10	未完成一项扣 2 分	□熟练 □不熟练	□熟练 □不熟练	□合格 □不合格
5	表单撰写能力	□字迹清晰 □语句通顺 □无错别字 □无涂改 □无抄袭	5	未完成一项扣 1 分	□熟练 □不熟练	□熟练 □不熟练	□合格 □不合格
总分：							

模块四 产品部件增材制造

素养园地

我国增材制造技术已经在各个领域得到广泛应用,下面是一些典型的案例。

(1)制造业领域　中车青岛四方机车车辆股份有限公司利用增材制造技术,制造了直径达 2m、高度达 1.5m 的大型轨道车体模型。该模型不仅形态逼真,而且可进行数字仿真,为车辆制造提供了更加精准和高效的生产手段。

(2)航空领域　国商飞公司采用增材制造技术,成功制造出了 ARJ21 飞机的机身结构件,降低了生产成本,缩短了制造周期,同时提高了产品质量和性能。

(3)医疗领域　华大基因利用增材制造技术,制造出了高通量测序仪器的部件,缩短了产品研发时间和降低了成本。此外,利用增材制造技术还可以制造出个性化医疗器械和假肢(图 4-1)等定制化产品,为医疗行业提供了全新的解决方案。

(4)工程建设领域　中铁十四局集团有限公司采用增材制造技术,制造出了高铁桥梁的钢构件,提高了加工效率和工程质量,还节约了材料成本,同时也减少了对环境的影响。

(5)艺术创作领域　清华大学美术学院和机械工程学院合作,利用增材制造技术制作了一系列具有创意的概念艺术品。例如,制作了一座复杂的建筑模型,展示了增材制造技术在艺术创意中的应用价值。

增材制造技术的应用涵盖了多个领域,为不同行业带来了新的机遇和挑战。随着该技术的不断发展和成熟,增材制造将成为未来产品开发中不可或缺的重要组成部分。

图 4-1　增材制造技术在医疗领域的应用

任务一 电吹风底座上壳立体光固化成型及后处理

学习目标

◆ 知识目标
1）掌握立体光固化成型（SLA）工艺。
2）掌握 SLA 工艺的制件流程。
3）掌握 SLA 工艺的后处理操作技巧。

◆ 技能目标
1）能够操作 VoxelDance Additive 软件处理数据模型。
2）熟练操作 SLA 设备。
3）能够规范使用工具进行成型零部件后处理操作。

素养目标

1）通过在工作过程中与小组其他成员合作、交流，培养学生的团队合作意识，锻炼其沟通能力。
2）开展 7S 活动，培养学生的职业能力。

任务描述

为了测试与验证"电吹风底座上壳"零件（图 4-2）的实际结构及外观，现需要采用原型制作的方式进行产品零部件样品的制作。"电吹风底座上壳"零件需具备外观质量好且与主体装配精度较高，通过工艺分析后，选用 SLA 工艺进行零件制作。

图 4-2 "电吹风底座上壳"零件

相关知识

一、SLA 工艺流程

SLA 工艺流程主要分为三步，分别是：数据前处理、SLA 设备操作及制件、成型零件后处理。

1. 数据前处理

本书使用增材制造前处理软件 VoxelDance Additive，如图 4-3 和图 4-4 所示。VoxelDance Additive 是由上海漫格科技有限公司开发的一款增材制造

图 4-3 VoxelDance Additive 软件图标

增材制造技术
工艺原理

主要的增材制造工艺

软件。该软件通过先进的体素建模技术和全流程解决方案,为各个领域的增材制造需求提供了高效、精确和灵活的解决方案,是目前国内为数不多的具有代表性的增材制造CAM软件,已在国内外获得广泛认可和应用。该软件主要提供了以下功能:零件导入、文件修复、智能2D/3D摆放、零件编辑、生成支撑以及切片等。

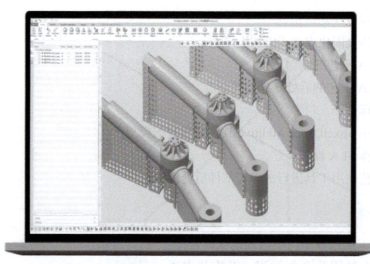

图 4-4　VoxelDance Additive 界面

（1）数据前处理流程　SLA 工艺的前处理流程依次是:导入零件→零件检查与修复→摆放成型位置→设置成型方向→生成支撑→数据切片→输出成型文件。

（2）常见的数据模型问题　增材制造最常用的文件格式为 STL 格式,它将复杂的三维模型近似成三角形小平面（又称三角形网格面片）来表达,如图 4-5 所示。

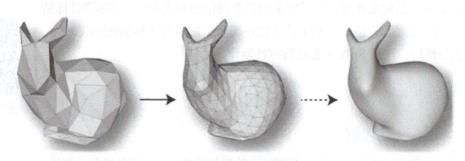

图 4-5　三角形网格面片

由于参数化建模软件和 STL 格式文件本身存在的转码问题,以及转换过程中造成的错误,所产生的 STL 格式文件可能会存在少量的缺陷,甚至会影响后续的快速成型制作,常见的有以下几种问题。

1）壁厚。3D 打印靠层层叠加来制作物品,一般会对壁厚有要求,这个要求会比打印的工艺极限稍微保守一点,以降低物品在运输和清理过程中损坏的概率,如图 4-6 所示。

模块四 产品部件增材制造 75

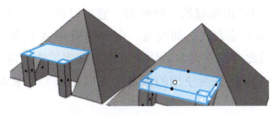

图 4-6 壁厚

2）法线。法线的作用是用来区分内外平面，法线不能反转，否则 3D 打印机无法识别模型的边界，如图 4-7 所示。

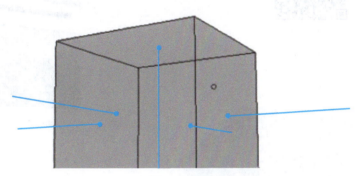

图 4-7 法线

3）最小间隙。最小间隙是指两个壁厚间的最小距离。如果最小间隙小于 3D 打印机的打印极限，则两个薄壁会合成一个壁厚，这会导致部分支撑或者残留物无法取出，如图 4-8 所示。

4）交叉重合面。交叉重合面会造成体积重合，不仅会造成体积计算的不准确（多算体积），而且会让定位面的朝向出现问题，因此，交叉重合面必须进行合并，如图 4-9 所示。

图 4-8 最小间隙

图 4-9 交叉重合面

5）非流型的几何构型。非流型的几何构型是指一条边与一个或者多个面相交，而不是一个体与体的相交，这会使 3D 打印机读取模型时认为模型有个洞或者面有问题，从而不能打印，如图 4-10 所示。

2. SLA 设备操作及制件

SLA 设备在原型制作中有着广泛的应用，该设备可以通过将液态光敏树脂暴露在紫外线下固化成实体，以快速地制作出精确的三维模型。它可以在数小时内完成一个复杂的原型，比传统机械加工和数控加工等方式更加高效。由于使用 SLA 设备制作的原型通常具有良好的表面质量和精度，因此可以在大多数情况下作为真实的物品进行模拟，用于测试和评估新产品的功能和设计。本任务所使用的设备为光固化成型机 KW-AMS-230，如图 4-11 所示。

SLA 设备操作

光固化成型机
基本操作

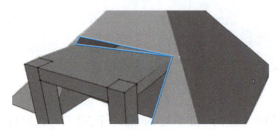

图 4-10 非流型的几何构型

图 4-11 光固化成型机 KW-AMS-230

（1）设备特点　光固化成型机 KW-AMS-230 的特点见表 4-1。

表 4-1　设备特点

序号	特点	说明
1	方便换料	料槽可快速拆卸和安装，可便捷更换打印材料
2	工训结合	达到工业级精度，保证与企业需求衔接
3	节省实训成本	占地空间小、应用成本低、材料更换便捷迅速

（2）设备参数　光固化成型机 KW-AMS-230 的参数见表 4-2。

表 4-2　设备参数

名称	参数
设备型号	KW-AMS-230
成型原理	SLA 下沉式成型原理
设备尺寸	620mm × 650mm × 1420mm
成型尺寸	200mm × 200mm × 300mm

（续）

名称	参数
整机质量	约 160kg（不含树脂材料）
振镜类型	数字振镜
扫描速度	最快 12m/s（以树脂活性决定）
激光功率及波长	300~600mW，405nm
光斑直径	≤ 0.1mm
打印精度	± 0.1mm
成型网板（打印平台）可调	是
切片软件	VoxelDance Additive
打印材料	405nm 波长光敏树脂
料槽	快拆式
工作电压	12~24V
输入电压、电流	110~240V、工作电流约 3A

（3）设备基本操作

1）设备接电。

① 接通电源，设备通电，如图 4-12 所示。

② 将设备与计算机连接，并在计算机上插上加密狗。

③ 准备好手套、酒精、树脂、纸巾以及水平仪。

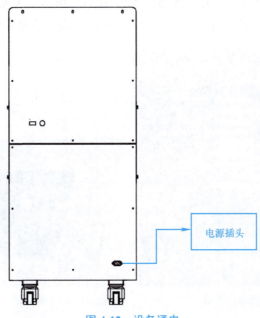

图 4-12　设备通电

2）启动设备。

① 依次按设备上方的"主控"→"电机"[一]→"振镜"按键,如图 4-13 所示。

图 4-13 启动设备的按键

② 启动计算机,打开控制软件"3D Printer"。

③ 软件在启动时,会提示是否进行回零操作,此时需要确保打印平台上无异物。当电动机通电后,单击"是"按钮,则设备的刮刀轴、网板轴和液位轴将依次回零。

④ 软件左下方有三个轴（刮刀轴、液位轴、网板轴）的位置信息,当全部显示为 0 时,表示设备回零完成。

⑤ 如图 4-14 所示,单击左侧命令栏中的"测试"按钮,在弹出的界面中单击上方的"激光测试"按钮,再单击"开光"按钮,等待 5s 后,单击"关光"按钮,完成激光初始化。此时再按图 4-13 中设备屏幕上方的"激光"按键,激光器完成启动,如图 4-15 所示。

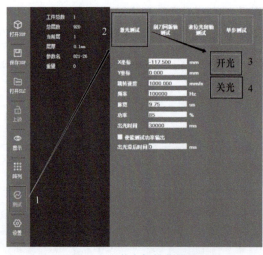

图 4-14 激光初始化界面

图 4-15 激光器启动

[一] 为与图上按键名称保持一致,此处使用"电机"。

3）设备调试。

① 将水平仪放置在网板上，通过调节设备下方的福马轮（图4-16），观察水平仪中的水泡，使水泡居中，从而使网板水平。

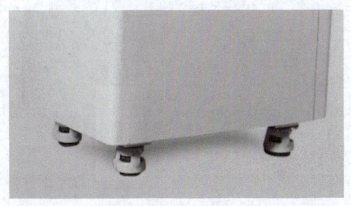

图4-16　设备下方的福马轮

② 将料槽小车放入设备中，并单击料槽右侧的"上升"按钮，使料仓自动上升到目标高度。若小车已安装完成，则此步骤跳过。

③ 将树脂材料从网板上方倒入，倾倒时不可速度过快，避免树脂材料飞溅。倒入时，观察液位传感器上的数值，当达到目标值时停止倒入材料。

4）上机打印。

① 导入切片数据。将切片数据导入到计算机本地存储，单击软件左侧命令栏中的"打开SLC"按钮，找到切片数据后单击"打开"按钮，将切片数据导入设备，如图4-17所示。

图4-17　导入切片数据

② 查看软件左侧命令栏第四个命令是否处于解锁状态，单击此命令按钮可进行切换。

③ 使模型居中网板。单击导入的打印模型后，再右击打印模型，在弹出的界面中单击

"居中"按钮,如图 4-18 所示。

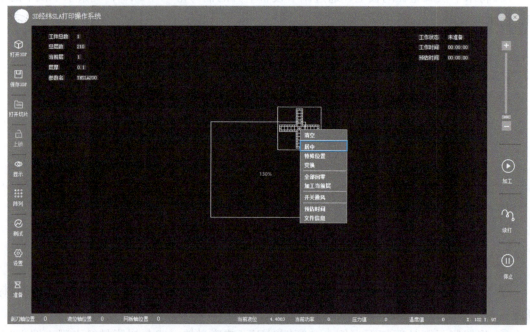

图 4-18 使模型居中网板

④ 准备打印。模型居中后,单击左侧命令栏中的"准备"按钮,使设备进入打印准备状态,如图 4-19 所示。

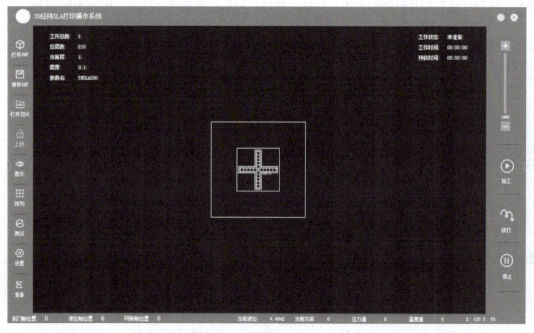

图 4-19 打印准备状态(一)

⑤ 单击右侧命令栏中的"加工"按钮，软件将提示"是否要开始当前加工"，单击"是"则设备开始打印，如图 4-20 所示。

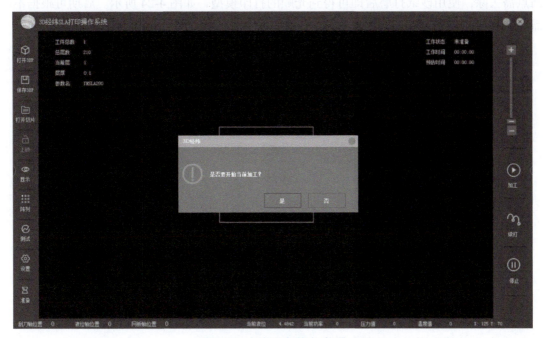

图 4-20　打印准备状态（二）

3. 成型零件后处理

通过增材制造的零件具有较粗糙的表面以及肉眼可见的分层纹路，为了改善其外观和力学性能，进一步的后处理是有必要的。

1）清洗零件。当零件从 3D 打印机中取出来时，它会被未固化的树脂覆盖，必须先使用工业酒精冲洗残留树脂，得到光滑洁净的零件，如图 4-21 所示。

2）去除支撑结构。去除附加到零件上的支撑结构，此操作可在零件固化之前或之后进行，可借助平头切割器以及刮刀工具进行辅助去除，如图 4-22 所示。

成型零件后处理

图 4-21　清洗零件

图 4-22　去除支撑结构

3）再次固化。二次固化成型零件，可确保其材料属性以及综合力学性能，如图4-23所示。

4）零件打磨及上色处理。固化后的零件硬度得到提升，而在去除支撑的位置存在支撑凸点需去除，使用砂纸打磨后即可得到光顺的打印模型，如图4-24所示。后期可根据不同需求进行上色等其他深度处理。

图4-23 零件再次固化

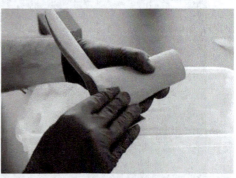

图4-24 零件打磨

二、设备日常维护与保养

1. 设备日常操作注意事项

1）打印前检查料槽里的材料量是否满足打印需求。
2）打印前检查网板上是否有异物。
3）设备需要放置在避光环境中。

2. 机械系统的维护

1）每次制作完成后，应清理掉网板上的树脂固体残渣，堵塞的孔洞应及时导通。
2）导轨上飞溅的树脂，可用酒精擦拭干净。
3）刮刀上若有异物应及时清理掉。

3. 刮刀的清理

零件制作完成后，将刮刀轴回零，用刮刀清理工具轻轻地擦拭刮刀内腔以及刀刃，将上面残留的固体清理出去。

三、设备常见故障现象、原因及解决方法

设备常见故障现象、原因及解决方法见表4-3。

表4-3 设备常见故障现象、原因及解决方法

序号	故障现象	原因	解决方法
1	切片软件无法进行切片	加工的零件太多	分批加工
2		STL文件有缺陷	模型修复
3	制件无法成型	支撑设计缺陷	检查并重新设计支撑
4		树脂受潮	保证设备周围湿度低于40%

(续)

序号	故障现象	原因	解决方法
5	制件无法成型	刮刀失调	调整刮刀
6		刮刀底面有异物	清理刮刀底面
7	无法开始打印	材料不足	添加材料至目标高度
8		切片数据错误	检测切片格式是否为 SLC 格式
9	制件、支撑结构变软	树脂受潮	保证设备周围湿度低于 40%
10	液位不稳	液位传感器故障	检查液位传感器
11		树脂液位过高或过低	添补材料或减少材料
12		z 轴下降速度太快	调低速度（1mm/s）
13		地面晃动或人为碰撞设备	确保设备在打印过程中不会晃动
14	制件出现断层	液位不稳	确保设备在打印过程中不会晃动
15		刮刀高度不对	调整刮刀高度
16	制件翘曲变形	材料收缩率大	更换材料
17		模型平放打印	模型倾斜打印

电吹风底座上壳立体光固化成型及后处理	学习任务单	班级：
		姓名：

请结合前面所述的知识，查阅相关资料，完成以下任务：

一、填空题
1. 3D 打印文件的格式是_____。
2. SLA 成型零件需要加载_____。
3. SLA 成型过程中发生_____反应。
4. SLA 成型零件需要用_____清洗零件表面残留树脂。
5. SLA 成型零件需要用_____打磨表面层纹。

二、判断题
1. 3D 打印技术只是增材制造技术的一种。（ ）
2. 3D 打印对材料无敏感度，任何材料均能打印。（ ）
3. SLA 工艺中固化完全的模型可以立即投入使用，无须后期固化处理。（ ）
4. 光固化成型的产品在外观方面非常好，其强度可以与真正的成品相比。（ ）
5. SLA 工艺需要用到激光器。（ ）

三、简答题
1. 简述 SLA 工艺制作零件的流程。
_____
_____

2. 简述 SLA 工艺后处理流程。
_____
_____

3. 列举 SLA 设备的维护事项（至少三项）。
_____
_____

实训任务　电吹风底座上壳立体光固化成型及后处理

实训器材

电吹风底座上壳、光固化成型机 KW-AMS-230、铲刀、工业酒精、机用平口钳、各目数砂纸。

作业准备

启动并调试好光固化成型机 KW-AMS-230、启动 VoxelDance Additive 软件、电吹风底座上壳数据、移动存储设备。

操作步骤

1. 数据前处理

步骤一：启动 VoxelDance Additive 软件，导入电吹风底座上壳数据，如图 4-25 所示。

电吹风底座
上壳零件
切片处理

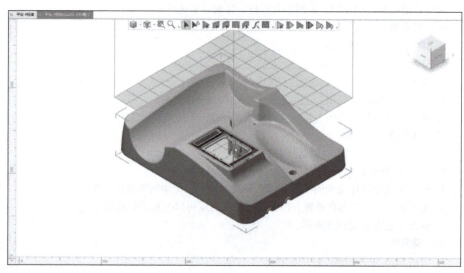

图 4-25　导入模型数据

步骤二：通过 VoxelDance Additive 软件中的数据检查与修复功能，对模型破损区域进行修复，如图 4-26 所示。

步骤三：因为模型尺寸大于设备成型平台尺寸，所以需要调整成型方向至可成型的状态。模型成型方向调整前后分别如图 4-27 和图 4-28 所示。

步骤四：加载支撑，如图 4-29 所示。

步骤五：确认支撑和模型无误后，进行切片（图 4-30）并输出文件。

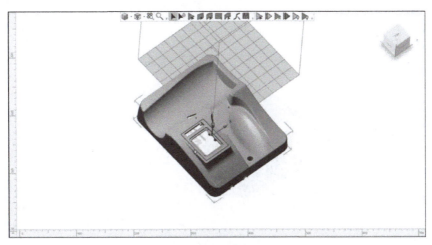

图 4-26　模型数据修复

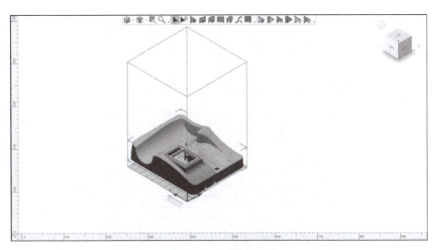

图 4-27　模型调整前

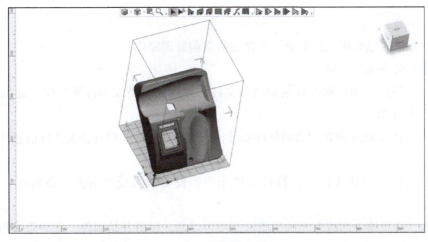

图 4-28　模型调整后

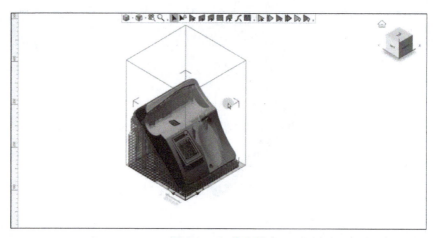

图 4-29 加载支撑

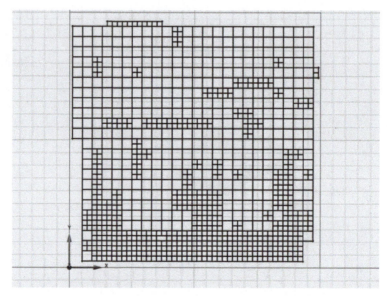

图 4-30 切片

至此,完成"电吹风底座上壳"零件的数据前处理操作。

2. SLA 设备操作及制件

步骤一:使用移动存储设备复制切片文件并导入到设备配套计算机中,通电启动 SLA 设备,如图 4-31 所示。

步骤二:启动 SLA 设备配套的软件系统,导入切片文件并检查相关文件信息,如图 4-32 所示。

步骤三:信息确认无误后,执行制件指令,设备进入成型前的准备状态,如图 4-33 所示。

步骤四:待料槽中的液态光敏树脂液面不再浮动,设备开始制件,此时激光扫描光敏树脂液面,逐层固化,直至零件成型制作完成,如图 4-34 所示。

图 4-31 启动 SLA 设备

图 4-32 导入切片文件至设备

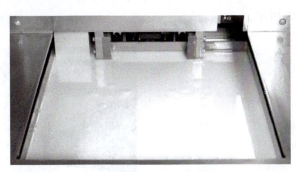
图 4-33 设备的准备状态

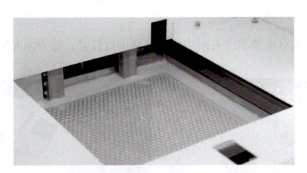
图 4-34 制件过程

步骤五：使用铲刀沿着成型零件的底部开始铲取。取下零件时不能用蛮力去撬，否则会连带着支撑断裂，损伤零件表面。正确做法是使用铲刀围绕着零件底部四周找到铲刀切入点，再慢慢深入直至零件与网板完全分离，如图 4-35 所示。

 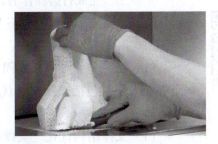
图 4-35 铲取成型零件

步骤六：使用镊子将成型网板上的小孔清洁干净，如图 4-36 所示。

步骤七：使用工业酒精润湿无纺布，擦拭铲刀，使铲刀洁净。

至此，完成零件上机打印与制件操作。

3. 成型零件后处理

步骤一：拆除支撑与清洗零件。准备足量的工业酒精，将零件表面残留的光敏树脂清除干净，可边拆除支撑、边清洗零件，如图 4-37 所示，直至将零件大部分支撑去除并清洗干净，如图 4-38 所示。

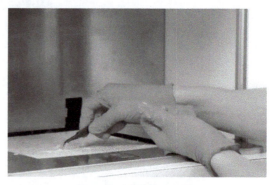

图 4-36　清洁成型网板

图 4-37　拆除支撑与清洗零件

图 4-38　处理后零件效果

步骤二：使用砂纸对成型零件表面的分层纹路进行打磨，使表面光顺，如图 4-39 所示。

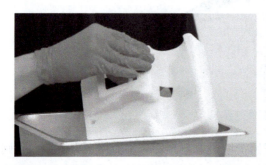

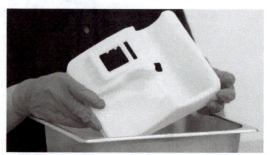

图 4-39　打磨零件

步骤三：完成打磨操作后，将所有工具物料放回相应的地方。

至此，完成"电吹风底座上壳"零件的 SLA 制作过程。

4. SLA 工艺优化策略

SLA 工艺是一种基于光固化成型的增材制造技术，其优化策略可以从多个方面入手，包括支撑结构优化、补偿调整、工艺参数优化、材料选择等，具体如下。

（1）支撑结构优化　支撑结构是为了保证成型零件的稳定而添加的。然

SLA 工艺优化策略

而，不合理的支撑结构会导致成品表面粗糙，支撑结构过多会导致成品质量下降。因此，需要通过分析零件的结构和形态，对支撑结构进行合理的设计和布局。这可以通过使用模拟软件进行预处理来实现。

（2）补偿调整　SLA 工艺在制造成型零件时，可能存在一些误差和偏差，这些误差和偏差来自光束发射、液体层厚度、液位、温度等多个因素。针对这些问题，可以通过对激光束强度、扫描速度、液体层厚度、照射时间等参数进行调整，来实现精确的成品制作。

（3）工艺参数优化　选用合适的工艺参数是实现高质量 SLA 工艺的关键。例如，激光功率、扫描速度、液体层厚度等参数都会影响成型质量。需要选择合适的工艺参数进行调整和优化，可使得制造的成品具有更好的表面质量和精度，同时减少废品率。

（4）材料选择　SLA 工艺打印材料的选择也是影响成品质量的重要因素。选用高质量、稳定性好的光固化树脂材料，并在制作过程中保证材料的一致性和质量，可获得更好的成品质量和可靠性。

根据示范操作流程开展标准化操作，针对自身训练产品的打印质量与表现，提出优化方案，撰写实训任务总结。

电吹风底座上壳立体光固化成型及后处理		实习日期：		
姓名：	班级：	学号：		
自评：	互评：	师评：□合格 □不合格	教师签名：	
日期：	日期：	日期：		

【评分细则】

序号	评分项	得分条件	分值	评分要求	自评	互评	师评
1	安全/7S/态度	□能进行工位 7S 操作 □操作前能穿戴防护用具 □能进行"三不落地"操作	20	未完成一项扣 5 分	□熟练 □不熟练	□熟练 □不熟练	□合格 □不合格
2	专业技能能力	作业 1： □完成学习任务单 □正确填写题目答案 作业 2： □按要求完成零件 SLA 成型 □按要求完成零件后处理 作业 3： □填写实训任务总结	50	未完成一项扣 15 分，不得超过 50 分	□熟练 □不熟练	□熟练 □不熟练	□合格 □不合格
3	工具使用能力	□正确规范使用工具、物料	15	未完成一项扣 5 分，不得超过 15 分	□熟练 □不熟练	□熟练 □不熟练	□合格 □不合格
4	问题分析能力	□分析模型尺寸能否成型 □分析数据前处理是否存在无法成型的因素 □分析 SLA 设备是否满足成型要求 □分析零件后处理是否达标 □分析 SLA 设备是否需要维护	10	未完成一项扣 2 分	□熟练 □不熟练	□熟练 □不熟练	□合格 □不合格
5	表单撰写能力	□字迹清晰 □语句通顺 □无错别字 □无涂改 □无抄袭	5	未完成一项扣 1 分	□熟练 □不熟练	□熟练 □不熟练	□合格 □不合格
总分：							

任务二　电吹风出风口熔融沉积成型制作

学习目标

◆ 知识目标
1）掌握熔融沉积成型（FDM）工艺。
2）掌握 FDM 工艺的制件流程。
3）掌握 FDM 工艺的后处理操作技巧。

◆ 技能目标
1）能够独立操作 FDM 设备配套的软件系统。
2）熟练操作 FDM 设备。
3）能够规范使用工具进行成型零部件后处理操作。

素养目标

1）通过在工作过程中与小组其他成员合作、交流，培养学生的团队合作意识，锻炼其沟通能力。
2）开展 7S 活动，培养学生的职业能力。

任务描述

按照前面创新设计或已经获取的三维模型数据，进行"电吹风出风口"零件（图 4-40）的原型制作，要求"电吹风出风口"零件需具有在工作中耐暖风而不发生变形的能力。

图 4-40　"电吹风出风口"零件

相关知识

一、FDM 工艺流程

熔融沉积成型（FDM）工艺流程主要分为三步，分别是：数据前处理、FDM 设备操作及制件、成型零件后处理（参照项目四任务一）。

1. 数据前处理

本任务使用的数据处理软件为 Cura，如图 4-41 所示。Cura 是一款由荷兰公司 Ultimaker 开发的开源切片软件，用于将 3D 模型转换为 3D 打印机可以理解和执行的指令。它是目前最受欢迎和广泛使用的切片软件之一，被许多桌面型 FDM 设备制造商和用户所采用。使用此软件可完成模型空间摆放设置、成型参数设置以及切片。

FDM 工艺的前处理流程依次是：导入零件→零件检查与修复→摆放成型位置→设置成

型方向→生成支撑→数据切片→输出成型文件。

零件切片前处理与 FDM 设备操作

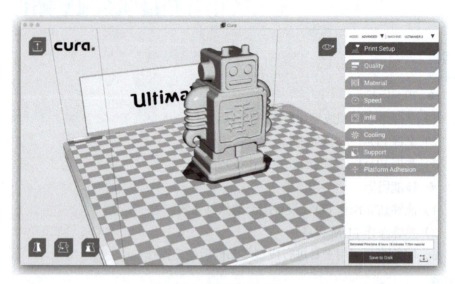

图 4-41　数据处理软件 Cura

2. FDM 设备操作及制件

FDM 设备在原型制作中具有快速、低成本、多样化制作、可用于产品设计验证和改进以及交流和展示等优势，为产品开发和创新提供了重要的支持，已经成为许多行业中原型制作的常用工具之一。相比传统的制造方法，FDM 设备具有更低的成本，它使用的材料通常是塑料丝或颗粒，价格相对较低。此外，FDM 设备的维护和运营成本也比较低，使得原型制作更加经济高效。本任务所使用的设备为熔融挤出成型机 KW-AMF-200，如图 4-42 所示。

熔融挤出成型机基本操作

图 4-42　熔融挤出成型机 KW-AMF-200

（1）设备特点　熔融挤出成型机 KW-AMF-200 的特点见表 4-4。

表 4-4　KW-AMF-200 的特点

序号	特点	说明
1	高效	并联臂式结构，保证更快的打印速度与更优的制件质量
2	管理方便	参数集成化，配备远程系统管控
3	智能	配置双角色操作系统，可快速切换，提供进阶式的操作体验

（2）设备参数　熔融挤出成型机 KW-AMF-200 的参数见表 4-5。

表 4-5　KW-AMF-200 的参数表

名称	参数
设备型号	KW-AMF-200
成型原理	FDM
设备尺寸	545mm×460mm×820mm
成型尺寸	ϕ230mm×280mm
整机质量	45kg
喷头温度	25~250℃
喷头直径	0.4mm
喷头数量	1 个
打印材质	1.75mm PLA/PLA/ABS
热床温度	25~120℃
打印层厚	0.1mm、0.2mm、0.3mm
打印速度	10~300mm/s
打印精度	±0.1~0.35mm
数据传输	SD 卡 /WiFi
电源要求	220V，360W，50/60Hz，2A，1.5mm²

（3）设备基本操作

1）设备接电。

① 将电源适配器插入设备背面电源接口，如图 4-43 所示。

② 取出带固定器。

③ 打开右侧料仓仓门，将打印耗材安装进料仓内，如图 4-44 所示。

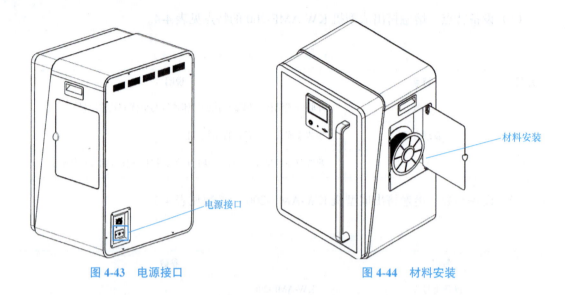

图 4-43 电源接口　　　　　　　图 4-44 材料安装

④ 单击面板上的电源开关，开启设备，如图 4-45 所示。

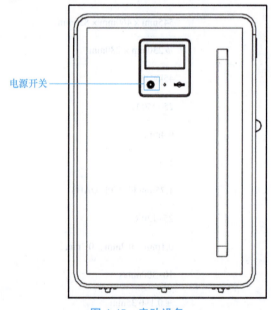

图 4-45 启动设备

2）设备上机操作。

① 开机后，单击"打印" ![printer icon]，进入"打印文件"界面，选择需要打印的文件（测试块），如图 4-46 所示。

② 进入"打印文件"界面后，确认参数是否正确，确认无误后单击"开始" ![start icon] 进行打印，如图 4-47 所示。

图 4-46 选择文件

图 4-47 开始成型制作

③ 开始打印后,可以在屏幕界面查看当前打印时间、打印速度、热床温度、喷头温度及文件名称等,如图 4-48 所示。

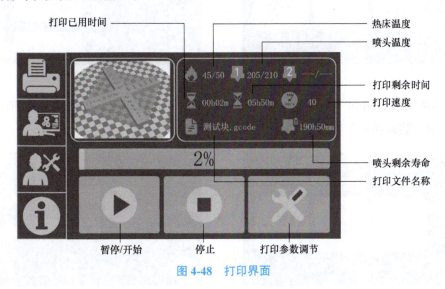

图 4-48 打印界面

3)下机操作。

① 打印完成后打开设备舱门,如图 4-49 所示。

② 使用铲刀将打印平台上的零件铲取下来,如图 4-50 所示。

图 4-49 打开设备舱门

图 4-50 取出零件

二、设备日常维护与保养

1. 更换成型材料

1）在"操作者工具"界面中单击"预热",如图 4-51 所示。

2）在打开的"预热"界面中,单击 [图标] 即可开始预热,如图 4-52 所示。

图 4-51 "操作者工具"界面

图 4-52 "预热"界面

3）预热完成后回到"操作者工具"界面,单击"卸料耗材"如图 4-53 所示,打开图 4-54 所示的"装卸耗材"界面。

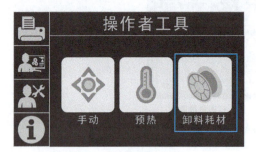

图 4-53 卸料耗材

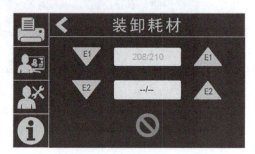

图 4-54 "装卸耗材"界面

4）将材料从料仓伸入导管内,一直延伸到挤出机,单击 [图标] 按钮让挤出机将材料挤入,待喷头有材料挤出即可,可多次单击 [图标] 按钮,直到材料挤出。

2. 设备调平

1）找到随机的配件调平装置,如图 4-55 所示。

图 4-55 调平装置

2）将探测头安装在喷嘴下方，在控制面板处有插头插口，连接上调平装置即可，如图 4-56 所示。

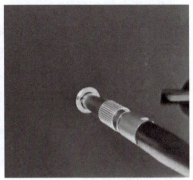

图 4-56　连接方式

3）调平程序运行。

① 单击"工程师" 后输入锁定密码，进入"工程师工具"界面，如图 4-57 所示。

② 单击"调平"，设备开始自动寻点。

4）调平零点设置。

① 寻点结束后，拆除调平装置，在"手动"界面（图 4-58），只移动 z 轴，使 z 轴与打印平台之间的间距为 0.1mm，可用 A4 纸在喷头与打印平台之间进行测试，当喷头刚好夹紧纸张时，z 轴坐标即为 0。

图 4-57　"工程师工具"界面　　　　图 4-58　"手动"界面

② 在"工程师工具"界面，单击"Delta"，进入图 4-59 所示的零点设置界面，选中"设 Z 为零"的复选框，即可设置 z 轴当前高度为 0。

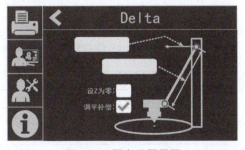

图 4-59　零点设置界面

三、设备日常维护和保养

1. 设备日常操作注意事项

1）打印前检查料仓的材料是否足够满足所需用量。

FDM 设备常见故障处理

2）每次打印前先预热，再开始打印。
3）打印前检查打印平台上是否有残留物。

2. 设备维护操作

1）手动移动导轨，检查是否出现卡顿现象，如有此现象需在导轨上添加润滑脂。
2）利用预热命令检测温度传感器有无问题。

3. 设备常见故障和解决方法

设备常见故障和解决方法见表 4-6。

表 4-6 设备常见故障和解决方法

序号	常见故障	解决方法
1	喷头挤不出材料	喷头出现"堵头"现象，更换喷头即可
2	设备在运行中发出声响	移动导轨观察阻碍情况，检查导轨并处理
3	温度显示不正确	温度传感器出现问题，更换温度传感器相关部件即可

电吹风出风口熔融沉积成型制作	学习任务单	班级：
		姓名：

请结合前面所述的知识，查阅相关资料，完成以下任务：

一、填空题

1. FDM 工艺成型过程发生_____变化。
2. FDM 工艺主要使用材料为_____。
3. FDM 工艺由于成型原理，其成型零件表面存在_____。
4. FDM 工艺中文名称为_____。
5. FDM 设备在长时间使用，成型网板应该做_____操作，以确保零件顺利成型。

二、判断题

1. FDM 工艺的支撑结构不是光敏树脂制作的。（   ）
2. FDM 设备难以维修。（   ）
3. FDM 3D 打印机的喷头采用机械式结构，打印速度快。（   ）
4. 3D 打印技术最大的优势在于能拓展设计师的想象空间。（   ）
5. FDM 加热头将热熔性材料加热到临界状态，使其呈现半流体状态。（   ）

三、简答题

1. 简述 FDM 工艺制作零件的流程。
_____
_____
_____

2. FDM 设备常见的故障有哪些（至少两项）?
_____
_____
_____

3. 列举 FDM 设备的维护事项（至少两项）。
_____
_____
_____

实训任务　电吹风出风口熔融沉积成型制作

实训器材

电吹风出风口、熔融挤出成型机 KW-AMF-200、FDM 设备配套工具。

作业准备

启动并调试好熔融挤出成型机 KW-AMF-200、启动 Cura 软件、电吹风出风口数据、移动存储设备。

操作步骤

1. 数据前处理

步骤一： 启动 Cura 软件，导入电吹风出风口数据，如图 4-60 所示。

图 4-60　导入模型数据

步骤二： 调整零件空间位置与成型方向。合理调整零件在成型网板上的位置，一般使其位于打印平台中心，此外，考虑摆放后支撑结构的生成状况，调整后效果如图 4-61 所示。

图 4-61　调整后的零件空间位置

步骤三： 设置成型参数。在右侧打印设置栏中调节成型参数，成型参数主要包括：层高、填充密度、打印温度、平台温度、打印速度、模型支撑以及支撑距离。相关参数数值设置见表 4-7。

表 4-7 模型成型参数设置

序号	成型参数	数值设置
1	层高	0.1mm
2	填充密度	30%
3	打印温度	210℃
4	平台温度	40℃
5	打印速度	50mm/s
6	模型支撑	是
7	支撑距离	0.2mm

步骤四：参数设置完成后切片并输出文件。切片完成后可获知模型打印时间和材料使用量，如图 4-62 所示。通过预览可见零件制作的效果，如图 4-63 所示。确认后即可将切片文件保存至移动存储设备中进行下一步成型制作。

图 4-62 模型打印时间和材料使用量

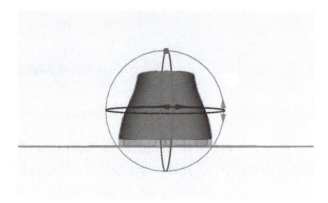

图 4-63 预览效果

2. FDM 设备操作及制件

步骤一：启动设备，插入存放有切片文件的 SD 卡，如图 4-64 所示。

图 4-64 启动设备并插入 SD 卡

步骤二：进入打印界面，选择目标文件并启动打印，如图 4-65 所示。

图 4-65　选择目标文件并启动打印

步骤三：待设备完成准备，开始执行成型制作，如图 4-66 所示，等待"电吹风出风口"零件成型制作完成。

图 4-66　成型制作过程中

成型零件后处理参考项目四任务一的操作步骤。

3. FDM 设备日常维护与保养

（1）疏通挤出机喷头　FDM 设备在日常使用过程中，由于材料的特性以及成型原理会导致挤出机喷头造成堵塞，影响设备的正常使用。喷头堵塞的原因及解决方法见表 4-8。

表 4-8　喷头堵塞的原因及解决方法

序号	原因	解决方法
1	材料劣质，粗细不均，加热过程部分未完全熔化	更换优质材料
2	喷头温度过高，材料炭化造成堵塞	依照设备铭牌温度区间，调整打印温度参数
3	更换材料时，喷头残余材料没有处理干净、有残留	将喷头残余材料完全清除或挤出
4	挤出机送料齿轮上存有材料废屑，导致动力不足	使用毛刷清洁挤出机送料齿轮

（2）温度传感器异常故障　FDM 设备中的温度传感器最容易出故障，从而影响设备打

印温度的上升,使其无法达到设定的成型温度,导致无法执行成型制作。对于此情况的发生,需及时更换温度传感器。

(3) FDM 设备保养

1)在上一次成型制作结束以及下一次成型制作开始前,均需要检查 FDM 设备料仓中的材料,确保满足成型制作要求。

2)成型制作前检查成型平台是否存在杂物或废屑。

3)定期清洁设备导轨并添加润滑脂。

4)设备受到碰撞或颠簸后,必须及时启动检查与调平操作。

5)定期检查设备挤出机喷头是否堵塞,若发现堵塞应及时用细针疏通。

根据示范操作流程开展标准化操作,针对自身训练产品的打印质量与表现,提出优化方案,撰写实训任务总结。

电吹风出风口熔融沉积成型制作			实习日期：			
姓名：		班级：	学号：			
自评：		互评：	师评：□合格 □不合格		教师签名：	
日期：		日期：	日期：			

【评分细则】

序号	评分项	得分条件	分值	评分要求	自评	互评	师评
1	安全/7S/态度	□能进行工位7S操作 □操作前能穿戴防护用具 □能进行"三不落地"操作	20	未完成一项扣5分	□熟练 □不熟练	□熟练 □不熟练	□合格 □不合格
2	专业技能能力	作业1： □完成学习任务单 □正确填写题目答案 作业2： □按要求完成零件FDM成型 □按要求完成FDM设备调试 作业3： □填写实训任务总结	50	未完成一项扣15分，不得超过50分	□熟练 □不熟练	□熟练 □不熟练	□合格 □不合格
3	工具使用能力	□正确规范使用工具、物料	15	未完成一项扣5分，不得超过15分	□熟练 □不熟练	□熟练 □不熟练	□合格 □不合格
4	问题分析能力	□分析模型尺寸能否成型 □分析数据前处理是否存在无法成型的因素 □分析FDM设备是否满足成型要求 □分析FDM设备是否存在故障 □正确使用相关工具对FDM设备进行维护保养	10	未完成一项扣2分	□熟练 □不熟练	□熟练 □不熟练	□合格 □不合格
5	表单撰写能力	□字迹清晰 □语句通顺 □无错别字 □无涂改 □无抄袭	5	未完成一项扣1分	□熟练 □不熟练	□熟练 □不熟练	□合格 □不合格
总分：							

模块五　产品部件快速复模

素养园地

　　工匠精神（图 5-1）既是一种技能，也是一种精神品质，工匠精神更关乎着一个国家的工业文明。这些年来，中国制造、中国创造、中国建造共同发力，不断改变着我国的面貌。从"嫦娥"奔月到"祝融"探火，从"北斗"组网到"奋斗者"深潜，从港珠澳大桥飞架三地到"神舟十七号"飞船展翅升空等科技成就都离不开大国工匠的身影。工匠精神是宝贵的精神财富，是新时代的重要精神指引，是我国共产党人精神谱系的重要组成部分。

　　现如今，工匠精神不仅体现了手艺人对作品的精益求精与坚守，它承载的文化精神已经渗透各行各业，使认真、敬业、执着、创新成为更多人的职业追求，成为人们对职业的敬畏与坚守。

图 5-1　工匠精神

任务一　硅橡胶模具制作

学习目标

◆ 知识目标

1）熟悉真空复模技术的流程。

2）掌握硅橡胶模具制作的方法。

3）掌握硅橡胶模具的相关材料用量计算方法。

◆ 技能目标

1）能够根据原版样件计算硅橡胶用量。

2）能够分析原版样件并进行预处理。

3）能够根据原版样件尺寸计算硅橡胶模具的尺寸。

4）能够规范地制作硅橡胶模具。

素养目标

1）通过在工作过程中与小组其他成员合作、交流，培养学生的团队合作意识，锻炼其沟通能力。

2）开展 7S 活动，培养学生的职业能力。

任务描述

根据前期产品零部件分析与制订的学习，由于"电吹风后盖"零件（图 5-2）特征多且较精细，表面质量要求较高，因此采用真空复模技术进行零件的制作。

图 5-2 "电吹风后盖"零件

快速制造技术原理及应用范围

相关知识

一、真空复模技术流程

真空复模技术（也称快速模具制造技术）流程共分为 6 个步骤，分别是①零部件复模前处理；②硅橡胶模具围框制作；③硅橡胶材料的调制与倒注；④硅橡胶模具处理；⑤注型材料调制与真空注型；⑥开模取件及制件处理。

真空复模机（也称快速模具制造机）是原型制作中快速模具制造技术的主要设备，用于制作各种类型的原型，包括产品外观原型、工业部件原型等。其工作原理是将热塑性材料（如 ABS、聚碳酸酯等）加热软化后，通过真空吸附在模具表面形成所需形状的原型。这种方法可以快速制作出具有高精度和复杂形状的原型，在原型制作中具有快速、高效、精确的优势，可以帮助制造商在产品开发和生产过程中加快速度，降低成本，并实现更好的产品质量。

需要注意的是，操作真空复模机在原型制作中是一项专业技能，操作者需要具备相关的技术知识和经验。此外，选择合适的复模材料和工艺参数也是确保成功制作原型的关键因素。

本任务使用的设备为快速模具制造机 KW-EMR-500，如图 5-3 所示。

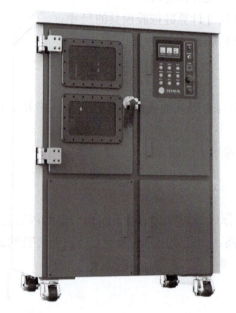

图 5-3　快速模具制造机 KW-EMR-500

二、制作硅橡胶模具

1. 零部件复模前处理

步骤一：制作原版样件。在制作硅橡胶模具之前需先做一个原版样件，可通过数控加工或者 3D 打印的方式制作，原版样件需要表面打磨处理以提高表面质量，如图 5-4 所示。

图 5-4　原版样件表面打磨处理

步骤二：制作分型面。选取原版样件的最大横截面，使用记号笔描边标记，作为硅橡胶模具的分型面，如图 5-5 所示。

步骤三：制作底部支柱。确定原版样件的方向，在底部使用 30~50mm 长度的细小木棒或 ABS 棒，使用胶水或者黏土粘贴以作为底部支柱，如图 5-6 所示。

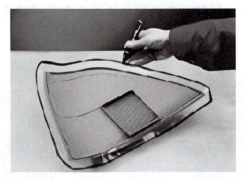 

图 5-5　标记分型面　　　　　　　　　图 5-6　制作底部支柱

2. 硅橡胶模具围框制作

根据原型样件的总体尺寸，从四边往外偏置 20~25mm 确定硅橡胶模具围框的长度与宽度，使用满足模具尺寸的亚克力板进行搭建，搭建效果如图 5-7 所示。

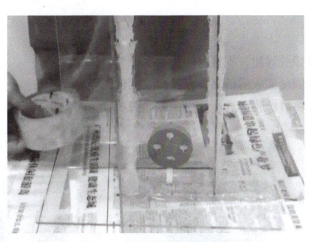

图 5-7　硅橡胶模具围框效果

模具围框设计与制作

3. 硅橡胶材料调制与倒注

步骤一：称量原版样件质量，根据硅橡胶材料使用公式计算得出硅橡胶材料的用量。

步骤二：根据硅橡胶材料及其固化剂材料的比例，计算得出固化剂材料的用量。

步骤三：分别准备两个量杯，使用电子秤称量硅橡胶和固化剂。

硅橡胶材料的准备与浇注制模

步骤四：将脱模剂喷涂在原版样件上。

步骤五：使用电动搅拌机，将硅橡胶和固化剂充分搅拌至乳白色，搅拌完成后将其倒注模具围框中。注意：沿着围框壁周进行倒注，如图5-8所示。

4. 抽真空排气泡处理

抽真空排气泡处理在快速模具制造机中进行，如图5-9所示。抽真空时间不宜太久，正常情况下不能超过10min。抽真空时间太久会导致硅橡胶固化无法正常形成硅橡胶模具。

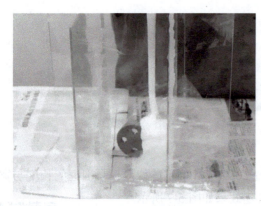
图5-8 倒注硅橡胶材料

图5-9 抽真空排气泡处理

5. 硅橡胶模具固化与分模

步骤一：等待硅橡胶固化，固化时间为6~8h。

步骤二：硅橡胶固化完成后拆除硅橡胶模具围框，得到硅橡胶模具。使用美工刀沿着分型面波浪线形划开，将硅橡胶模具一分为二，如图5-10所示。

硅橡胶模具固化的条件

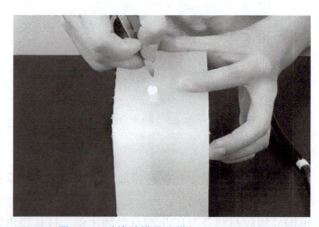
图5-10 硅橡胶模具分模

步骤三：取出原版样件，至此硅橡胶模具制作完成。

硅橡胶模具制作	学习任务单	班级：
		姓名：

请结合前面所述的知识，查阅相关资料，完成以下任务：

一、填空题

1. 快速制造模具技术也称_____。
2. 硅橡胶固化需要用到_____。
3. 硅橡胶属于_____物质。
4. 硅橡胶与固化剂混合，发生_____反应。
5. 对硅橡胶材料抽真空的目的是_____。

二、判断题

1. 真空复模技术适用于大批量生产。（   ）
2. 硅橡胶固化只需要等待就能自行固化。（   ）
3. 硅橡胶模具围框可以用平直的木板、亚克力板以及硬纸板替代。（   ）
4. 硅橡胶抽真空是为了将材料中的气泡排除出去。（   ）
5. 硅橡胶抽真空的时间越长越好。（   ）

三、简答题

1. 简述硅橡胶模具的制作过程。
_____
_____
_____

2. 分析硅橡胶抽真空排气泡处理时间过长造成的影响。
_____
_____
_____

3. 简述硅橡胶模具围框制作的过程。
_____
_____
_____

实训任务　硅橡胶模具制作

⚙ 实训器材

电吹风后盖、快速模具制造机 KW-EMR-500、电动搅拌机、电子秤、美工刀、开模钳、一次性手套、一次性口罩、若干块亚克力板、若干根细小 ABS 棒、胶水。

📅 作业准备

启动快速模具制造机 KW-EMR-500、准备电动搅拌机、准备电子秤、穿戴一次性手套、佩戴口罩。

📅 操作步骤

1. 零部件复模前处理

步骤一： 分析"电吹风后盖"原版样件，彻底检查零件表面，处理细小瑕疵、修补磨损处。合格原型零部件如图 5-11 所示。

步骤二：原版样件预处理。

（1）倒扣特征的检查　壳类产品倒扣可借助工程软件进行分析，倒扣会导致模具无法开模，检查不存在倒扣后进行下一步的处理。

（2）设置浇注口　确立零件摆放位置后，需在零件最大截面处设立浇注口。一般情况下，浇注口设置在零件的不可见区域（如内部、底部），如图 5-12 所示。

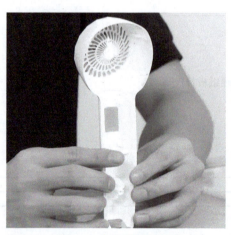

图 5-11　合格原型零部件

图 5-12　设置浇注口

在使用真空复模机进行复模制作时，设置浇注口是非常重要的一步。浇注口的设置可以影响到产品的质量和制作效果，主要有以下设置原则。

1）浇注口的位置。通常情况下，浇注口应该位于模具上较低的位置，以便材料能够顺利地填充整个模具。同时，浇注口的位置应该考虑到后续的处理步骤，如修剪、打磨等，以便方便去除浇注口并保持产品的完整性。

2）浇注口的大小。浇注口的大小应该适当。如果浇注口过大，可能会导致材料流动过快，产生气泡或造成不均匀的填充。浇注口过小可能导致材料难以充分填充模具，影响产品的质量。因此，需要根据具体的材料和模具设计来确定合适的浇注口尺寸。

3）浇注口的形状。一般来说，浇注口的形状应该确保材料能够顺畅地填充整个模具，避免产生死角或阻碍材料的流动。常见浇注口的形状有圆形、方形或锥形等，具体可以根据产品的形状和材料流动性来确定。

4）浇注口的数量。根据产品的形状和尺寸，可能需要设置多个浇注口以保证材料能够均匀地填充整个模具。如果只有一个浇注口，会导致材料填充不均匀或产生气泡。因此，在模具设计中需要合理地确定浇注口的数量和位置。

5）真空处理。在进行复模制作时，使用真空复模机的真空功能能够有效地去除空气和气泡，提高产品的质量。因此，在设置浇注口时，需要考虑将浇注口与真空系统相连接，以便在浇注过程中进行真空处理。

以上是一些常见的设置浇注口的原则。实际操作时，需要根据具体的材料、模具和产品要求进行调整和优化，确保最终产品具有所需的质量和外观。

（3）通孔特征处理 "电吹风后盖"零件上部存在通孔特征，需要使用透明胶带或者胶纸完全封住，如图5-13所示，其目的是避免后期无法开模以及产生特征错位的现象。

（4）确立开模分型面 开模分型面一般在原版样件的最大截面处，因此可知后期产品将位于硅橡胶模具的上模或下模内，如图5-14所示。

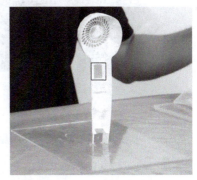

图5-13 通孔特征处理

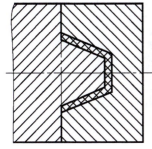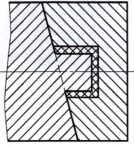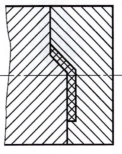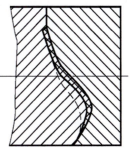

图5-14 确立开模分型面

2. 硅橡胶模具围框制作

步骤一： 确认模具围框尺寸。根据原版样件的尺寸，使用亚克力板搭建模具围框。通常模具围框比原版样件尺寸单边大20mm即可，模具围框材料应选用光滑平整的材料，如玻璃、木板、亚克力板等，在这样的模具围框材料下成型，所制作的硅橡胶模具形状更加规整。每个面之间需要用胶条密封好，防止硅橡胶倒注过程中渗透。通过计算，可得模具围框尺寸为：长100mm、宽80mm、高250mm，如图5-15所示。

步骤二： 搭建模具围框。使用热熔胶枪注入热熔胶，将原型粘固在模具围框底板的中间，如图5-16所示。需要注意的是，后期硅橡胶加注的过程存在一定的冲击力，因此原型必须粘固牢靠，否则会因外力影响导致原型移位而无法顺利制作硅橡胶模具。

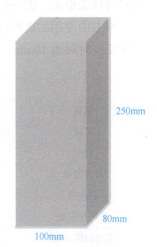

图5-15 模具围框尺寸

粘固原型后，使用热熔胶胶粘的方式逐一搭建模具围框四周的外框，如图5-17所示。搭建模具围框的作用是控制硅胶使用量以及控制硅胶模具的大小。最终模具围框搭建完成后如图5-18所示。

图 5-16 使用热熔胶粘固原型

图 5-17 搭建模具外框

图 5-18 模具围框搭建完成

3. 硅橡胶材料调制与倒注

硅橡胶模具制作是否成功，关键在于调制模硅橡胶材料与固化剂的用量与配比。硅橡胶材料性能稳定，能够抵抗极端的环境，而且易于制造和成型，因此广泛用于快速模具制造中。本书中使用的硅橡胶材料为2806半透明材质硅橡胶，硅橡胶与固化剂比例为100∶1.2，固化反应时间为10min，完全固化时间为30~60min。半透明硅橡胶材料各项参数见表5-1。

表 5-1 半透明硅橡胶材料各项参数

项目	数值	参考范围	检测标准	备注
外观	半透明黏稠液体	—	GB/T 7193—2008	—
黏度	26000Pa·s	—	GB/T 7193—2008	合格
拉伸强度	3.0MPa	1.8~4.3MPa	GB/T 7193—2008	合格
拉伸率	500%	—	GB/T 7193—2008	合格
抗撕裂强度	4.2MPa	—	GB/T 7193—2008	合格
硫化时间 /min	18~25MPa	10+	GB/T 7193—2008	合格

步骤一：计算材料用量。硅橡胶用量计算公式：硅橡胶模具体积 × 硅橡胶密度 ÷1000，代入数值可得：100×80×250×1.3÷1000=2600（g），配比为100∶1.2，得出固化剂用量为30g。

步骤二：称取材料。使用电子秤称量前面所获取的硅橡胶材料与固化剂用量，分别用两个容器盛装，如图5-19和图5-20所示。

图 5-19　硅橡胶称量

图 5-20　固化剂称量

步骤三：硅橡胶与固化剂混合搅拌。将固化剂倒入盛放硅橡胶材料的容器中，如图 5-21 所示。使用电动搅拌机进行充分搅拌，搅拌时间约为 3min，如图 5-22 所示。

图 5-21　将固化剂倒入硅橡胶中

图 5-22　硅橡胶与固化剂混合搅拌

4. 抽真空排气泡处理

步骤一：硅橡胶与固化剂混合搅拌完成后，立即放到快速模具制造机中进行排气泡处理，脱泡时间约 2min，如图 5-23 和图 5-24 所示。脱泡处理的作用是避免硅橡胶模具含有气泡，防止模具型腔及其精度受影响。

图 5-23　抽真空排气泡过程中

图 5-24　舱内释压为标准大气压时的排气泡处理情况

步骤二：倒注硅橡胶材料至模具围框。将脱泡完成后的硅橡胶材料倒注至模具围框中。倒注时需要注意，硅橡胶不能直接倒在模型上，以免过大的冲击力将原型冲倒，可使用小木棒或者一次性筷子作为引流工具，使硅橡胶倒注过程中避开原型，如图 5-25 所示。倒注硅橡胶材料完成后，再次放入设备中进行 1min 脱泡处理，如图 5-26 所示。脱泡处理后，模具静置 4~6h 等待材料完全固化。

图 5-25 倒注硅橡胶材料至模具围框

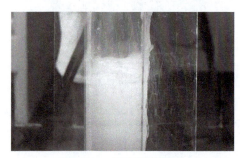

图 5-26 再次脱泡处理

模具分模

5. 硅橡胶模具固化与分模

步骤一：检验硅橡胶模具固化的情况。使用小木棒或竹签触碰硅橡胶，检验硅橡胶是否完全固化。若不发生粘结的现象且模具呈现固体状态，则说明硅橡胶完全固化。

步骤二：硅橡胶模具分模。

1）准备工具。准备美工刀和开模钳，如图 5-27 和图 5-28 所示。

图 5-27 美工刀

图 5-28 开模钳

2）拆除硅橡胶模具围框。手动拆除硅橡胶模具围框，如图 5-29 所示。接着使用美工刀将模具飞边去除，如图 5-30 所示。

图 5-29 拆除模具围框

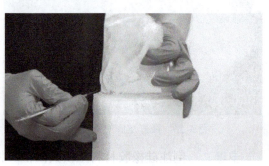

图 5-30 去除硅橡胶模具飞边

3)使用开模钳将浇注口处的物体清除,留出浇注口,如图 5-31 所示。

4)使用记号笔沿着浇注口中线位置标记出分模线,方便后期模具分模,如图 5-32 所示。

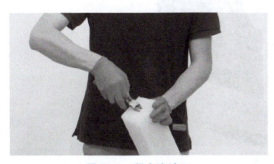

图 5-31 留出浇注口

图 5-32 标记分模线

5)沿着模具分型面使用美工刀分割,配合开模钳,采取波浪形的分割形式将硅橡胶模具分割,如图 5-33 所示。波浪形分割具有三个优点:①切割时省力;②切割效果更加精细;③使被切割物体不易变形和碎裂。

硅橡胶模具在开模过程中需要注意以下问题:①根据产品结构、外观和尺寸要求确定模具成型方式;②分析产品结构,判定产品的脱模方式;③确定模具分型面;④根据产品材质及硬度要求确定模具的收缩率。

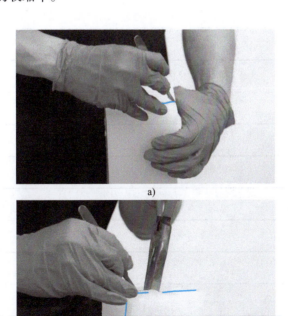

图 5-33 分割模具

6）从硅橡胶模具取出原型，至此，硅橡胶模具制作完成，如图 5-34 所示。

图 5-34　成品

结合标准化流程中自身操作所遇到的问题及难点，分析原因并提出解决办法，在此基础上撰写实训任务总结。

硅橡胶模具制作			实习日期：		
姓名：		班级：	学号：		
自评：		互评：	师评：□合格 □不合格	教师签名：	
日期：		日期：	日期：		
【评分细则】					
序号	评分项	得分条件	分值	评分要求	自评	互评	师评

序号	评分项	得分条件	分值	评分要求	自评	互评	师评
1	安全/7S/态度	□能进行工位7S操作 □操作前正确穿戴防护用具 □能进行"三不落地"操作	20	未完成一项扣5分	□熟练 □不熟练	□熟练 □不熟练	□合格 □不合格
2	专业技能能力	作业1： □完成学习任务单 □正确填写题目答案 作业2： □按要求完成硅橡胶模具围框制作 □按要求完成硅橡胶模具制作 作业3： □填写实训任务总结	50	未完成一项扣15分，不得超过50分	□熟练 □不熟练	□熟练 □不熟练	□合格 □不合格
3	工具使用能力	□正确规范使用工具、物料	15	未完成一项扣5分，不得超过15分	□熟练 □不熟练	□熟练 □不熟练	□合格 □不合格
4	问题分析能力	□分析硅橡胶模具围框的尺寸 □分析模具所用硅橡胶材料量 □分析模具所用固化剂材料量 □分析硅橡胶材料是否脱泡完成 □分析硅橡胶模具是否固化完全 □分析硅橡胶模具分模线	10	未完成一项扣2分	□熟练 □不熟练	□熟练 □不熟练	□合格 □不合格
5	表单撰写能力	□字迹清晰 □语句通顺 □无错别字 □无涂改 □无抄袭	5	未完成一项扣1分	□熟练 □不熟练	□熟练 □不熟练	□合格 □不合格
总分：							

任务二　产品部件复模注型

学习目标

◆ 知识目标
1) 熟悉产品部件复模注型的操作流程。
2) 掌握注型材料的计算方法与配比。
3) 掌握复模注型操作技巧。

◆ 技能目标
1) 能够根据原型计算注型材料的用量。
2) 熟练操作设备进行真空注型操作。
3) 能够开模取件并做产品后处理。

素养目标

1) 通过在工作过程中与小组其他成员合作、交流，培养学生的团队合作意识，锻炼其沟通能力。
2) 开展 7S 活动，培养学生的职业能力。

任务描述

根据前期制作的硅橡胶模具，使用快速模具制造机进行产品的复模注型制作，注型制作完成后通过后处理得到与原型一致的产品复模件。

相关知识

一、产品部件复模注型操作流程

产品部件复模注型操作流程共分为三个步骤：①硅橡胶模具预处理；②注型材料调制与真空注型；③开模取件及制件后处理。

二、复模注型操作

1. 硅橡胶模具预处理

步骤一：使用气枪将硅橡胶模具型腔中的废屑和灰尘清除干净。

步骤二：在硅橡胶模具型腔喷涂脱模剂，使用透明胶带将模具合模并紧固，如图 5-35 所示。

步骤三：将硅橡胶模具放入恒温烤箱（90~100℃）烘烤 90min 以上，在后期可提高注型材料的固化速度，缩短固化时间。

2. 注型材料用量计算与称量

根据部件材质要求,称量原型质量并计算注型材料用量,称量注型材料,如图 5-36 所示。

图 5-35 模具合模并紧固

图 5-36 称量注型材料

3. 注型材料混合与浇注

将注型材料放入快速模具制造机中,真空状态下混合搅拌,沿着模具浇注口进行浇注,直至注型材料全部注入硅橡胶模具型腔中,如图 5-37 所示。

4. 固化与开模取件

等待注型材料固化成型后拆开硅橡胶模具取出注型件,如图 5-38 所示。

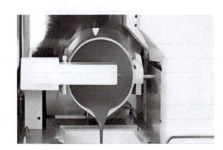

图 5-37 注型材料混合与浇注

图 5-38 固化后取出注型件

5. 注型件后处理

注型后的零件要进一步后处理,需要去除浇注口以及打磨表面飞边,如图 5-39 所示。处理完成后产品复模件如图 5-40 所示。

图 5-39 注型件后处理

图 5-40 产品复模件

至此,零件复模注型制作完成。

产品部件复模注型	学习任务单	班级：
		姓名：

请结合前面所述的知识，查阅相关资料，完成以下任务：

一、填空题

1. 为了方便后期开模取件，注型前应在原型表面喷涂_____。
2. 注型材料固化发生_____反应。
3. 注型材料属于_____物质。
4. 硅橡胶模具放入恒温烤箱烘烤的目的是_____。
5. 开模取出注型件需要做_____。

二、判断题

1. 注型过程可以在室外进行。（   ）
2. 原型零件复模时为了后期取件方便，应喷涂脱模剂。（   ）
3. 硅橡胶模具不需要胶带封装紧固。（   ）
4. 注型材料反应速度非常慢。（   ）
5. 注型件取出后，不存在浇注口特征。（   ）

三、简答题

1. 简述产品部件复模注型的流程。
   _____
   _____

2. 简述硅橡胶模具预处理的事项。
   _____
   _____

3. 简述注型件主要的后处理操作。
   _____
   _____

实训任务　产品部件复模注型

🛠 实训器材

电吹风后盖、快速模具制造机 KW-EMR-500、电子秤、美工刀、一次性手套及口罩、剪钳、刮刀。

📅 作业准备

启动快速模具制造机 KW-EMR-500、启动电子秤、穿戴一次性手套、佩戴口罩。

📋 操作步骤

1. 硅橡胶模具预处理

（1）硅橡胶模具合模　使用脱模剂朝向模具型腔进行喷涂，沿着分型线将模具对准合上，使用透明胶带包裹模具进行紧固，如图 5-41 所示。用胶带在模具顶部制作出防溢围边，防止注型过程中材料溢出，如图 5-42 所示。紧固完成后，使用美工刀或剪刀将封闭的浇注口割开，留出浇注流道，如图 5-43 所示。

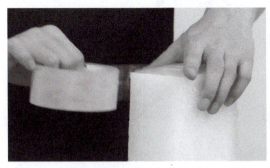
图 5-41　用胶带包裹模具

图 5-42　制作防溢围边

（2）硅橡胶模具预热　将处理好的模具放入恒温烤箱（90~100℃）烘烤 90min，使其达到注型材料的反应条件，如图 5-44 所示。

图 5-43　留出浇注流道

图 5-44　硅橡胶模具预热

2. 注型材料用量计算与称量

（1）注型材料的选用　"电吹风后壳"零件材质需满足四项要求：①具备优良的力学性能；②具备优良的耐热性；③具备优异的绝缘性能；④具备优良的耐气候性和耐磨擦性。综上考虑，"电吹风后壳"零件采用 PU 胶（也称 AB 料），该产品分为 8015-A 和 8015-B 两个组合，使用时将 A 料和 B 料混合，浇注于硅橡胶模具中，如图 5-45 所示。

AB 料调试与浇注

（2）AB 料用量的称量　AB 料用量取决于原版样件的质量以及预留的粘杯量，根据电子秤称量原版样件质量为 90g。由于质量较轻，因此粘杯量可预留原版样件一倍的量，即材料总量为 180~200g。根据 AB 料的配比为 1:2，计算得出 A 料为 60~63g，B 料为 120~126g。

按照计算的材料用量，使用电子秤分别称量 A 料与 B 料，如图 5-46 所示。

图 5-45　AB 料

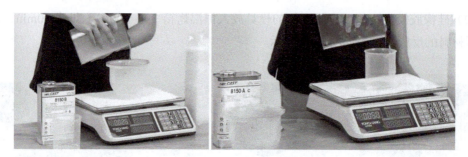

图 5-46　称量 AB 料

3. 注型材料混合与浇注

将完成称量的 AB 料和预热的硅橡胶模具放至快速模具制造机的相应位置，如图 5-47 所示。倒料时迅速混合搅拌，尽量在半分钟内完成搅拌，否则材料反应固化会造成报废，同时开启抽真空，如图 5-48 所示。在真空状态下，通过负压将注型材料充满模具型腔，如图 5-49 所示。待材料填充满后恢复舱内大气压，完成真空注型操作。

图 5-47　放置材料与模具

图 5-48　混合搅拌材料

4. 固化与开模取件
步骤一： 等待 1~2h 注型材料完全固化成型。
步骤二： 拆开硅橡胶模具，从模具中取出成型件。

5. 注型件后处理
步骤一： 使用剪钳工具去除浇注口，如图 5-50 所示。

图 5-49　真空浇注材料

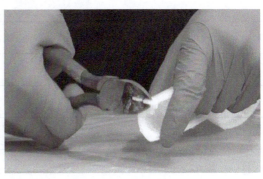

图 5-50　去除浇注口

步骤二： 使用刮刀将注型件的飞边刮除，如图 5-51 所示。

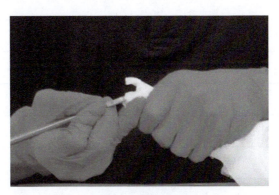

图 5-51　去除飞边

步骤三： 使用美工刀精修注型件特征，如图 5-52 所示，直至将注型件的成型问题完全处理。

图 5-52　精修特征

至此，产品部件复模注型操作流程结束。

结合标准化流程中自身操作所遇到的问题及难点，分析造成原因并提出解决办法，在此基础上撰写实训任务总结。

产品部件复模注型			实习日期：		
姓名：		班级：	学号：		
自评：		互评：	师评：□合格 □不合格		教师签名：
日期：		日期：	日期：		
【评分细则】					
序号	评分项	得分条件	分值	评分要求	自评	互评	师评

序号	评分项	得分条件	分值	评分要求	自评	互评	师评
1	安全/7S/态度	□能进行工位7S操作 □操作前正确穿戴防护用具 □能进行"三不落地"操作	20	未完成一项扣5分	□熟练 □不熟练	□熟练 □不熟练	□合格 □不合格
2	专业技能能力	作业1： □完成学习任务单 □正确填写题目答案 作业2： □按要求完成硅橡胶模具预处理 □按要求完成注型材料的称量 □按要求完成注型材料混合与浇注 □按要求完成注型件后处理 作业3： □填写实训任务总结	50	未完成一项扣15分，不得超过50分	□熟练 □不熟练	□熟练 □不熟练	□合格 □不合格
3	工具使用能力	□正确规范使用工具、物料	15	未完成一项扣5分，不得超过15分	□熟练 □不熟练	□熟练 □不熟练	□合格 □不合格
4	问题分析能力	□分析硅橡胶模具预处理条件 □会计算注型材料的用量 □分析注型材料浇注的条件 □分析注型材料是否固化完全 □分析注型材料后处理的区域	10	未完成一项扣2分	□熟练 □不熟练	□熟练 □不熟练	□合格 □不合格
5	表单撰写能力	□字迹清晰 □语句通顺 □无错别字 □无涂改 □无抄袭	5	未完成一项扣1分	□熟练 □不熟练	□熟练 □不熟练	□合格 □不合格
总分：							

模块六 产品表面处理及配作

素养园地

华为是我国知名的全球领先的信息通信技术（ICT）解决方案供应商，其产品在全球范围内都有广泛应用。以下是一个以华为手机为例的典型案例，证明了表面处理对产品的重要性。

华为手机在市场上备受瞩目，其中一项重要原因就是其外观设计和表面处理技术。华为采用了多种表面处理技术来提升手机的外观质量和用户体验，包括但不限于以下几点。

1）金属机身：华为手机采用金属机身的设计，通过精细的抛光和阳极氧化等表面处理技术，使手机外观更加均匀、光滑，并且具有高级感。这种金属机身不仅给用户带来高品质的触感，还提供了更好的耐用性和防护性能。

2）玻璃背板：部分华为手机采用玻璃背板设计，经过特殊的防指纹涂层处理，可以有效地抵御指纹和油渍，保持手机背板清洁，并且给用户提供顺滑的触感和高雅的外观。

3）液态陶瓷涂层：华为 P 系列手机采用了液态陶瓷涂层技术，通过特殊的高温喷涂工艺，在手机背板表面形成一层坚硬、耐磨的涂层。这种涂层不仅能有效防止划痕和磨损，还增加了手机的质感和光泽感。

4）色彩处理：华为手机在颜色处理上注重细节，通过采用特殊的色彩工艺，使得手机在不同角度和光线下呈现不同的色彩效果。这种处理为用户带来了更加丰富多样的视觉体验，让手机在外观上更具吸引力。

上述案例表明，华为通过精细的表面处理技术，不仅提升了产品的外观质量、质感和光泽度，也增加了用户的使用体验和满意度。这些表面处理技术的应用，使得华为手机在市场竞争中能够与其他品牌区别开来，赢得了用户的青睐，证明了表面处理对产品的重要性。无论是手机行业还是其他领域，表面处理技术（图6-1）都能够提升产品的外观和质量，增强用户体验，从而赢得市场份额和品牌声誉。

产品试制流程与要点

图 6-1 改善产品表面质量

任务一　立体光固化成型零件表面破损修复

学习目标

◆ **知识目标**

1）理解 SLA 成型零件表面产生缺陷问题的因素。
2）理解 SLA 成型零件表面破损修复的方法。

◆ **技能目标**

1）能够独立对 SLA 设备进行参数调整。
2）能够独立完成 SLA 成型零件表面破损修复。

零件表面缺陷修复

素养目标

1）通过在工作过程中与小组其他成员合作、交流，培养学生的团队合作意识，锻炼其沟通能力。
2）开展 7S 活动，培养学生的职业能力。

任务描述

SLA 工艺由于产品设计的复杂性和需要设计支撑结构，会影响制件的成型效果，其缺陷问题主要是产品表面不平整以及表面存在破损，本任务将针对这些缺陷问题进行处理。

相关知识

一、SLA 成型零件表面质量影响因素与处理方式

SLA 成型零件表面质量影响因素与处理方式见表 6-1。

表 6-1　SLA 成型零件表面质量影响因素与处理方式

影响因素	处理方式
设备及工艺	① 在打印平台和制件之间建立一个缓冲，使制件成型后方便从打印平台上取下； ② 增强制件的强度，避免成型过程中因外力、变形或重心失稳而导致错位和倒塌； ③ 数据处理过程中避免出现"孤岛效应"，需多加检查
材料	使用具有黏度低、固化收缩率小、制件翘曲程度低、精度高、时效性好的光敏树脂材料
人为因素	① 检查 CAD 数据； ② 确保成型设备调试满足使用需求； ③ 成型制件需二次固化； ④ 定期过滤材料，进行设备基本保养维护

二、SLA 成型零件表面缺陷修复

SLA 成型零件表面缺陷修复主要使用激光补件的方式处理。结合光固化成型机与光敏树脂材料，在零件缺陷处填补树脂，在设备激光作用下固化，从而填补表面破损区域。

激光补件操作步骤如下：
1）手动移动刮刀至激光标记点下，开启激光。
2）使用小木棒或竹签从料槽中蘸取少量光敏树脂，填涂至零件破损的位置。
3）手动均匀移动，使激光均匀扫描到填补的光敏树脂，逐步固化。
4）填补修复后使用砂纸打磨光顺。

三、激光补件修复效果评估

1）激光修补的 SLA 成型零件缺陷应与原本零件的成型质量、颜色大体相同。
2）激光功率过低会导致零件修补过程中光敏树脂无法固化或固化不完全，表面缺陷无法修复。
3）激光功率过高会容易直接烧坏零件，造成零件发黄或者烧焦现象的产生。

四、激光补件注意事项

1）激光补件需要利用激光进行操作，激光功率较高并存在一定的危险性，在操作时要注意避免人与激光直接接触，同时避免人眼睛长时间直视激光。
2）激光与零件接触的时间不能过长，否则会导致零件发黄。
3）激光不可直接照射到光敏树脂料槽里，以免发生固化，需隔绝激光的直接照射。

SLA 零件表面破损修复	学习任务单	班级：
		姓名：

请结合前面所述的知识，查阅相关资料，完成以下任务：
一、填空题
1. 由于 SLA 工艺原理的特点，因此成型零件表面会存在_____。
2. SLA 工艺使用的材料为_____。
3. SLA 成型零件需要设置_____结构。
4. 光敏树脂在成型过程中发生_____反应。
5. SLA 工艺制作的零件会受温度影响，产生_____。
二、判断题
1. SLA 成型零件精度高，不需要做任何处理。（　　）
2. 光敏树脂无毒、无害、无味。（　　）
3. 光敏树脂固化过程由液态变为固态，发生物理反应。（　　）
4. SLA 成型零件表面层纹无法去除。（　　）
5. SLA 工艺成型精度比 FDM 工艺高。（　　）

(续)

> **三、简答题**
> 1. 简述 SLA 成型零件产生表面缺陷的因素。
> ___
> ___
> ___
>
> 2. 简述激光补件的操作流程。
> ___
> ___
> ___
>
> 3. 简述激光补件的注意事项。
> ___
> ___
> ___

实训任务　SLA 零件表面破损修复

实训器材

破损的 SLA 制件、光固化成型机（含光敏树脂材料）、热熔胶枪、热熔胶棒、若干细小 ABS 棒、若干竹签、一次性手套、一次性口罩、各目数砂纸。

作业准备

启动光固化成型机、调制设备激光功率至合适范围、预热热熔胶枪、穿戴一次性手套、佩戴口罩。

操作步骤

1. 零件预处理

使用提前预热好的热熔胶枪，选取零件底部与 ABS 棒胶粘，如图 6-2 所示。

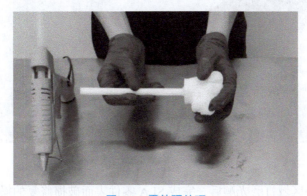

图 6-2　零件预处理

2. 填涂光敏树脂材料

使用竹签蘸取少量料槽中的光敏树脂材料，涂抹至零件破损处，确保破损处填满树脂材料，如图 6-3 所示。

3. 固化光敏树脂

移动填补材料的区域至激光下，通过激光扫描光敏树脂，从而发生固化，如图 6-4 所示。

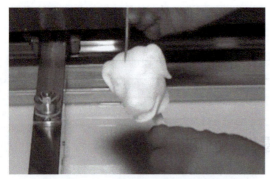 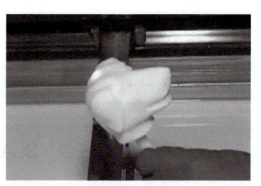

图 6-3　在破损处填涂光敏树脂　　　　图 6-4　固化光敏树脂

4. 再次填涂光敏树脂与固化

重复前面的步骤，再次在零件破损处填涂光敏树脂并放至激光下方进行固化，用手触碰修补区域，没有树脂材料的黏稠感则说明固化完成。

5. 打磨零件修补区域

准备好一盘水和若干目数砂纸，将零件修补区域润湿，使用砂纸打磨光顺，如图 6-5 所示。

图 6-5　打磨零件

对零件激光修补区域打磨光顺后，完成 SLA 零件表面破损修复的操作。

结合标准化流程中自身操作所遇到的问题及难点，分析造成原因并提出解决办法，在此基础上撰写实训任务总结。

SLA 零件表面破损修复		实习日期：	
姓名：	班级：	学号：	
自评：	互评：	师评：□合格 □不合格	教师签名：
日期：	日期：	日期：	

【评分细则】

序号	评分项	得分条件	分值	评分要求	自评	互评	师评
1	安全/7S/态度	□能进行工位 7S 操作 □操作前能正确穿戴防护用具 □能进行"三不落地"操作	20	未完成一项扣 5 分	□熟练 □不熟练	□熟练 □不熟练	□合格 □不合格
2	专业技能能力	作业 1： □完成学习任务单 □正确填写题目答案 作业 2： □找到 SLA 零件的破损区域 □评估激光功率是否满足补件 □按要求完成零件激光补件 □按要求完成修补零件后处理 作业 3： □填写实训任务总结	50	未完成一项扣 15 分，不得超过 50 分	□熟练 □不熟练	□熟练 □不熟练	□合格 □不合格
3	工具使用能力	□正确规范使用工具、物料	15	未完成一项扣 5 分，不得超过 15 分	□熟练 □不熟练	□熟练 □不熟练	□合格 □不合格
4	问题分析能力	□分析零件成型缺陷的因素 □分析设备激光功率达标情况 □分析激光补件是否完全 □分析后处理是否完全	10	未完成一项扣 2 分	□熟练 □不熟练	□熟练 □不熟练	□合格 □不合格
5	表单撰写能力	□字迹清晰 □语句通顺 □无错别字 □无涂改 □无抄袭	5	未完成一项扣 1 分	□熟练 □不熟练	□熟练 □不熟练	□合格 □不合格
总分：							

任务二　零件表面上色

学习目标

◆ 知识目标

1）理解零件表面上色的流程。
2）理解色彩搭配基本原则。

◆ 技能目标

1）熟练使用零件上色的工具。
3）能够独立对零件进行表面上色。

素养目标

1）通过在工作过程中与小组其他成员合作、交流，培养学生的团队合作意识，锻炼其沟通能力。
2）开展 7S 活动，培养学生的职业能力。

任务描述

随着当今人们生活水平的不断提高，大部分消费者选择与购买商品时非常看重商品的外观设计与配色。如果一个产品的色彩搭配能够让消费者赏心悦目，就能激发其购买欲望，因此产品的配色在市场营销中占重要作用。通过本任务的学习与操作，学习原型制作零件表面上色的流程与操作。

相关知识

一、色彩搭配在产品中的作用

色彩搭配是指在设计、绘画或装饰等领域中，选择和组合不同颜色以达到美感和视觉效果的目的。

1）具有情感表达效果。体现轻/重、冷/暖、华丽/朴实、正面/负面等情感意义，展现无尽联想和象征特性，以不同形式刺激不同的产品消费，结合图像、文字等，对人的心灵和精神产生影响。

2）具有视觉表现效果。特有的专业色彩设计系统，使同款产品展现不同视觉效果，使消费人群产生新视觉感受，通过流行趋势和多样化产品，锁定目标人群，提高产品认同感。

以下是一些常见的色彩搭配基本原则。

1）色轮理论：色轮是一个以圆形排列各种颜色的工具，它将颜色按照关系进行分类。基于色轮理论，常见的色彩搭配包括相邻色搭配（如蓝色和绿色）、对比色搭配（如蓝色和橙色）和三角形搭配（如红色、黄色和蓝色）等。

2）对比原则：对比是指不同色彩之间的明显差异。对比色彩搭配可以产生强烈的视觉冲击和对比效果。常见的对比搭配包括互补色搭配（如红色和绿色）、对比互补色搭配（如红色和青绿色）、互补对比搭配（如红色和黄色）等。

3）色调均衡原则：色调均衡是指在色彩搭配中保持整体的平衡。通过合理选择主色、辅助色和中性色，达到整体色调的和谐统一。常见的色调均衡搭配包括单色调搭配（使用同一种颜色的不同明暗度）、类似色调搭配（使用相近的颜色）和分裂互补色搭配（使用互补色的中间色）等。

4）情感表达原则：不同颜色可以传达不同的情感和意义。在色彩搭配中，根据设计主题和受众需求选择适合的色彩来表达特定的情感效果。例如，蓝色通常被认为是冷静和稳重的，红色则代表热情和活力。

5）简洁一致原则：在进行色彩搭配时，保持简洁和一致性有助于视觉上的整体效果。避免使用过多的颜色，保持色彩的一致性和平衡，以避免视觉上的混乱和杂乱感。

这些基本原则可以作为指导，由于色彩搭配也具有一定的主观性和创造性，所以在实际应用中，还需根据具体情况和个人审美进行灵活运用。

零件表面上色的流程

二、常见的零件上色方式

1. 手绘上色

（1）特点　手绘上色最常见的形式是使用丙烯颜料，通过手绘方式赋予零件表面颜色，如图 6-6 所示。手绘上色在技术上存在一定的优点和缺点，详细见表 6-2。

图 6-6　手绘上色

表 6-2　手绘上色优缺点对比

优点	缺点
不需要借助专业的调色设备、能调制各类品种漆	技术含量高，对调色员技术要求高，要接受正规培训
灵活性强，可以满足不同客户的个性化要求	依赖调色员的经验，调色时间略长
调色成漆质量可控制	—

（2）流程

步骤一：素模预处理。素模需上色的区域要求光洁且无灰尘，可使用砂纸对上色区域进行轻微打磨处理，然后使用气枪将模型表面灰尘清除干净。

步骤二：色漆调配。根据要求选择丙烯颜料，若现有颜料色彩不具备，则需要根据颜色调和进行调色处理。取少量丙烯颜料，加入清水使颜色稀释，控制清水加注的量，直到色漆与目标颜色大致相同即可。

步骤三：手绘上色。对照图片或三维图档，将不需要上色的模型区域使用美纹纸胶带覆盖粘贴。使用毛笔工具蘸取调配好的色漆，在模型上色区域进行均匀地涂画，直至将上色区域涂画上色完全。

步骤四：观察并做色彩填补。观察模型是否存在未上色或上色不均匀的现象，若有需要及时重复步骤三进行色彩填补。

2. 手动喷漆上色

（1）特点　手动喷漆上色是目前增材制造模型的关键着色技术之一，使用喷嘴将油漆均匀地喷洒到被涂物表面，达到一定的装饰或防护作用，如图 6-7 所示。手动喷漆上色在技术上存在一定的优点和缺点，详细见表 6-3。

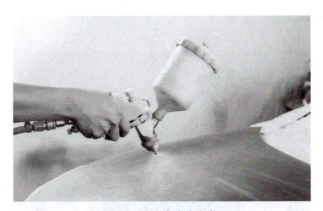

图 6-7　手动喷漆上色

表 6-3　手动喷漆上色优缺点对比

优点	缺点
上色效率高	要求操作人员有一定的技术及经验
喷涂效果均匀	容易出现漏喷现象
具有很强的灵活性	技术实施条件较严格，对环境和人具有一定的影响

（2）流程

步骤一：材料准备。穿戴一次性手套与喷漆用呼吸面具。准备喷雾罐和色漆，由于手动喷漆上色需要先喷涂底漆，因此还需要足量的色漆、清漆以及底漆。

步骤二：零件表面处理。使用砂纸对零件上色区域进行轻微打磨处理，在打磨之后，用清洁剂或酒精擦拭零件的表面，以去除油脂和杂质。

步骤三：喷涂底漆。确保零件表面干燥后，即可开始喷涂底漆，如图 6-8 所示。底漆的作用是提供一个均匀的底色，为后期上色做准备，并保护零件免受腐蚀。

图 6-8　喷涂底漆

步骤四：喷涂色漆。待底漆干后即可开始喷涂色漆，这个过程需注意均匀喷涂，直至上色完全，如图 6-9 所示。

图 6-9　喷涂色漆

（3）喷涂技巧

1）控制喷枪或喷雾罐。掌握喷枪的使用方法是喷涂的关键。喷涂时应保持稳定的手部动作，并确保距离零件的距离一致。开始喷涂前，可以在废料上进行几次试喷，以适应喷枪的触感和喷涂速度。

2）喷涂角度。根据需要，可以选择不同的喷涂角度。垂直喷涂可以获得均匀的涂层，而水平喷涂则可以增加光泽和光滑度。在喷涂时，保持喷枪与零件表面垂直或与其成约 45°。

3）喷涂速度。喷涂速度直接影响涂层的质量。喷涂速度过快会造成喷雾状的涂层，而喷涂速度过慢则会导致涂层过于厚重。适当的喷涂速度应该能够覆盖零件表面，同时又不会过度湿润或堵塞喷枪。

4）喷涂距离。将喷涂距离保持在建议的距离范围内，通常为30~40cm。过于接近零件会导致过度湿润的涂层，而太远则会产生雾化的效果；保持一致的喷涂距离，以获得均匀的涂层。

5）重叠喷涂。喷涂时，确保相邻的喷涂过程有50%的重叠，有助于确保涂层的一致性和光滑度。使用连续的喷涂动作，保持手腕稳定，以保证喷涂的连续性。在开始和结束时，注意进行均匀的喷涂，以避免产生斑驳的效果。

6）层次涂装。如果需要多层喷涂，应该等待前一层的涂层完全干燥后再进行下一层的喷涂，这样可以避免涂层之间的反应和污染。在喷涂不同颜色时，使用遮盖带或模板来保护已经涂好的部分。

7）避免流挂现象。避免过度喷涂或停留在一个区域太久，以防止涂层变厚并产生流挂现象，如图6-10所示。注意不要让清漆流淌或积聚在边缘或凹陷处，以免出现凹凸不平的效果。

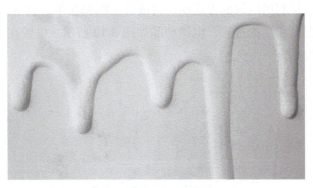

图6-10　流挂现象

8）室温和湿度。一般来说，喷涂时的温度应在15~25℃，湿度应低于85%。高温和高湿可能会影响涂层的质量和干燥时间。

9）干燥和抛光。在喷涂完成后，让涂层充分干燥。根据涂料的类型和涂层的厚度，这可能需要几小时甚至几天的干燥时间。完成干燥后，进行必要的抛光工作，以提高涂层的光泽和质感。

3. 浸染上色

（1）特点　浸染技术主要应用于激光选区烧结（SLS）技术成型零件的上色，是通过染浴循环或被染物运动，使染料逐渐渗透被染物的方法，如图6-11所示。浸染上色在技术上存在一定的优点和缺点，详细见表6-3。

图6-11　浸染上色

表 6-4　浸染上色优缺点对比

优点	缺点
涂装工艺简便	对涂料有选择性
生产率高	操作难度较大
易实现涂覆，颜色均匀	在染色过程中会产生大量的废水和废气
涂漆设备简单，适用于涂覆零件的底漆	—

（2）流程

步骤一： 清粉。首先对 SLS 工艺成型零件进行拆包清粉操作，放入特定的配套清粉设备中去除零件表面残留的粉末。

步骤二： 零件表面光滑处理。将清除多余粉末材料的零件进行表面光滑处理，以提高零件表面质量，为均匀上色打好基础。处理方法大体上分为物理研磨以及化学蒸汽处理等。

步骤三： 浸染上色。为保证染色深度，会对液态颜料进行加温处理，直至零件浸染上色完全。

4．电镀

（1）特点　电镀是利用电解的方式使金属或合金沉积在零件表面，以形成均匀、致密、结合力良好的金属和沉积层的过程，电镀产品如图 6-12 所示。电镀在技术上存在一定的优点和缺点，详细见表 6-5。

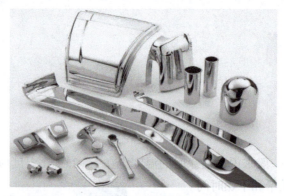

图 6-12　电镀产品

表 6-5　电镀优缺点对比

优点	缺点
生产率高	对环境有影响
可改善零件表面质量	成本高
可提高零件耐蚀性	易出现问题，如果镀层的质量不好，在使用过程中镀层可能会脱落、生锈或者损坏
可提高零件美观度	—

（2）流程

步骤一： 预处理。通过机械或化学方法（打磨、清洗、去油、抛光等方式）将被电镀零件表面的悬浮杂质、氧化物和油脂等去除干净，使得表面均匀，呈现出较平滑的几何形状。

步骤二：电解清洗。将电镀材料放置于有机溶剂或者溶液之中，并通过外加电场的方式，实现一定程度上的清洗和精细处理。

步骤三：电镀加工。将经过预处理和电解清洗的零件放置于电镀槽中，连接相应的电源，实现金属离子在电镀槽内的沉积，从而达到电镀的效果。

步骤四：后处理。将经过电镀加工后的零件进行烘干、固化、抛光以及涂层等加工，实现最终的表面质量和稳定的防护效果，并增加装饰性功能。

5. 丝网印刷

（1）特点 丝网印刷是孔版印刷术中的一种主要印刷方法，如图 6-13 所示。丝网印刷在技术上存在一定的优点和缺点，详细见表 6-6。

图 6-13 丝网印刷

表 6-6 丝网印刷优缺点对比

优点	缺点
价格便宜、可运用到大批量生产中	小批量生产时成本高
色彩鲜艳	色彩较单一
保存期长	色彩的墨量不好控制、印制产品的弧度受限制

（2）流程

步骤一：图案设计。丝网印刷的第一步是进行图案设计。设计师根据客户需求和产品特点，使用设计软件绘制出要印刷的图案，包括文字、图形等。设计师需要考虑到丝网印刷的特点，如颜色叠加、色彩过渡等。

步骤二：制版。制版是丝网印刷的关键步骤之一。根据设计图，制版师将图案转移到丝网上。丝网是一种由丝线编织而成的网状物，可以过滤掉不需要的油墨。制版师使用光敏感的物质将图案转移到丝网上，并通过曝光、洗涤等步骤完成制版。

步骤三：调色。调色是丝网印刷中的重要环节。根据客户需求和设计图，调色师将所需的油墨按照比例混合，以达到要求的颜色。调色师需要准确掌握颜色的混合规律，以确保印刷效果符合要求。

步骤四：印刷。印刷是丝网印刷的核心步骤。印刷工人将制好版的丝网放置在印刷机上，将油墨涂抹在丝网上方的图案位置。然后，用刮刀将油墨刮平，使油墨通过丝网的网孔印刷到待印刷的材料上。这个过程需要印刷工人掌握力度和速度，以确保印刷效果清晰、准确。

步骤五： 烘干。印刷完成后，需要对印刷材料进行烘干。烘干可以使油墨快速固化，增强附着力和耐久性。烘干的方式有多种，如自然风干、热风烘干等，应根据材料的不同选择适合的烘干方式。

步骤六： 后处理。印刷完成后，还需要进行后处理。后处理包括修整、质量检验、包装等环节。修整是指对印刷材料进行切割、磨边等，使其符合要求的尺寸和形状。质量检验是对印刷品进行检查，确保印刷效果没有问题。最后，将印刷品进行包装，以便运输和销售。

三、注意事项

1）丝网印刷需要严格控制印刷环境，避免灰尘、异物等污染印刷品。
2）选择合适的丝网和油墨，以确保印刷品的质量和耐久性。
3）丝网印刷需要经验丰富的工艺师傅进行操作，以确保印刷效果达到预期。
4）在整个工艺流程中，需要严格控制每个环节的质量，避免出现问题后的重复工作。

零件表面上色	学习任务单	班级：
		姓名：

请结合前面所述的知识，查阅相关资料，完成以下任务：

一、填空题
1. 零件手动喷漆上色前需要对零件表面进行_____。
2. 电镀主要用于_____。
3. 浸染上色主要用于_____。
4. 手绘上色颜料主要是_____。
5. 在模型某处区域手动喷漆上色过多，会产生_____现象。

二、判断题
1. 手绘上色不可能比手动喷漆上色效果好。（   ）
2. 电镀过程中发生化学反应。（   ）
3. 浸染上色主要应用于 SLS 工艺后处理。（   ）
4. 电镀对环境没有污染。（   ）
5. 手绘上色不会出现流挂现象。（   ）

三、简答题
1. 简述手动喷漆上色的流程。
_____
_____

2. 简述电镀的流程。
_____
_____

3. 简述浸染上色的流程。
_____
_____

模块六　产品表面处理及配作

实训任务　零件表面上色

实训器材

高效后处理集成机 KW-PP-300、喷雾罐、色漆、恒温烤箱、一次性手套、防护面具。

作业准备

启动高效后处理集成机 KW-PP-300、启动恒温烤箱、穿戴一次性手套、佩戴防护面具。

操作步骤

1. 手工调色

步骤一： 根据样板颜色调和方案准备各颜色用量，如图 6-14 所示。

步骤二： 加入主色。

步骤三： 以颜色的质量从大到小分别加入，一般加总量的 50%~75%。

步骤四： 搅拌色漆并缓慢加入剩余部分，同步观察颜色的变化，直至将颜色调整至与样板一致。

零件表面上色操作

2. 零件喷漆上色

本书零件喷漆上色选用的设备为高效后处理集成机 KW-PP-300，如图 6-15 所示。

图 6-14　样板颜色调和

图 6-15　高效后处理集成机 KW-PP-300

步骤一： 将调配好的油漆倒入设备的喷枪中，如图 6-16 所示。

步骤二： 将需要喷漆处理的 SLA 成型零件放入设备舱内，关闭舱门。

步骤三： 在舱内使用喷枪对电吹风底座上壳进行喷涂上色，如图 6-17 所示。喷涂时需注意喷涂距离、喷涂频率以及喷涂的厚薄程度，直至零件表面上色完全。

步骤四： 取出喷漆上色好的零件，更换下一个零件——电吹风出风口喷漆上色，如图 6-18 所示。

图 6-16 加入油漆

图 6-17 喷涂上色（一）

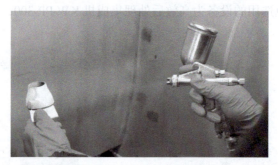

图 6-18 喷涂上色（二）

步骤五：取出喷漆上色好的零件，更换下一个零件——电吹风换档控制按钮喷漆上色，如图 6-19 所示。直至零部件表面手动喷漆上色完成。

图 6-19 喷涂上色（三）

步骤六：将喷漆完成的零部件放入恒温烤箱中，以 30~40℃ 恒温烘干 15min。至此，零部件手动喷漆上色操作完成。

3. 喷漆上色效果评估

1）整体线条流畅，符合标准轮廓。
2）确保喷漆面光滑、平整，并且无麻点、无气泡、无杂质、无流挂现象。
3）明亮光线下确认喷漆无色差。
4）非喷漆部位无飞漆现象。

4. 喷漆上色常见问题、产生原因及解决方式

（1）漆面皱纹和收缩变形　该问题现象如图 6-20 所示。

此问题产生原因及解决方式见表 6-7。

表 6-7　漆面皱纹和收缩变形产生原因及解决方式

产生原因	解决方式
漆面干燥不均匀	油漆需充分干燥
漆层太厚以及环境湿度较高	清除皱纹、收缩部分的漆面
错误使用稀释剂或互不相溶的材料	重新喷漆

（2）漆面凸起　该问题现象如图 6-21 所示。

图 6-20　漆面皱纹和收缩变形

图 6-21　漆面凸起

此问题产生原因及解决方式见表 6-8。

表 6-8　漆面凸起产生原因及解决方式

产生原因	解决方式
使用错误的稀释剂	打磨不平滑区域并使用气枪去除灰尘后，重新喷漆
使用互不相溶的材料	
零件表面没有清洁到位	

（3）漆面流挂　该问题现象如图 6-22 所示。

此问题产生原因及解决方式见表 6-9。

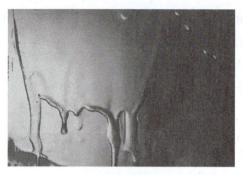

图 6-22 漆面流挂

表 6-9 漆面流挂产生原因及解决方式

产生原因	解决方式
漆层过厚	流挂轻微：用细砂纸对缺陷区域进行湿打磨并对其抛光；
喷枪使用不当	
喷漆时喷枪距离零件过近	流挂严重：打磨缺陷区域后重新喷漆处理
油漆干燥时间不充分	

结合标准化流程中自身操作所遇到的问题及难点，分析造成原因并提出解决办法，在此基础上撰写实训任务总结。

零件表面上色			实习日期：		
姓名：		班级：	学号：	教师签名：	
自评：		互评：	师评：□合格 □不合格		
日期：		日期：	日期：		
【评分细则】					
序号	评分项	得分条件	分值	评分要求	自评	互评	师评

序号	评分项	得分条件	分值	评分要求	自评	互评	师评
1	安全/7S/态度	□能进行工位 7S 操作 □操作前能正确穿戴防护用具 □能进行"三不落地"操作	20	未完成一项扣 5 分	□熟练 □不熟练	□熟练 □不熟练	□合格 □不合格
2	专业技能能力	作业 1： □完成学习任务单 □正确填写题目答案 作业 2： □熟悉手绘上色流程 □熟悉手动喷漆上色流程 □熟悉浸染上色流程 □熟悉电镀流程 作业 3： □填写实训任务总结	50	未完成一项扣 15 分，不得超过 50 分	□熟练 □不熟练	□熟练 □不熟练	□合格 □不合格
3	工具使用能力	□正确规范使用工具、物料	15	未完成一项扣 5 分，不得超过 15 分	□熟练 □不熟练	□熟练 □不熟练	□合格 □不合格
4	问题分析能力	□分析手动喷漆上色调色效果 □分析手动喷漆上色效果 □分析漆面皱纹和收缩变形的原因 □分析漆面凸起的原因 □分析漆面流挂的原因	10	未完成一项扣 2 分	□熟练 □不熟练	□熟练 □不熟练	□合格 □不合格
5	表单撰写能力	□字迹清晰 □语句通顺 □无错别字 □无涂改 □无抄袭	5	未完成一项扣 1 分	□熟练 □不熟练	□熟练 □不熟练	□合格 □不合格
总分：							

任务三　产品零部件配作

学习目标

◆ 知识目标
1）理解产品零部件配作的流程。
2）熟悉产品零部件配作的注意事项。

◆ 技能目标
1）能够独立对电吹风产品零部件进行配作。
2）能够正确评估产品配作的效果。

素养目标

1）通过在工作过程中与小组其他成员合作、交流，培养学生的团队合作意识，锻炼其沟通能力。
2）开展 7S 活动，培养学生的职业能力。

任务描述

通过各种工艺制作的电吹风产品零部件，需与其他零件组装成一个整体。组装涉及配作环节，配作是按照设计的技术要求，实现机械零部件的连接，最终形成整机产品，如图 6-23 所示。通过本任务的学习与操作，掌握电吹风产品零部件配作的流程。

零部件配作流程

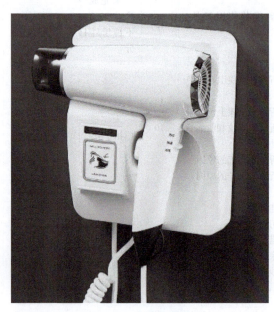

图 6-23　电吹风整机

相关知识

一、零部件配作的原则

在原型制作中零部件的配作非常重要。零部件配作的原则如下。

1）原理性：在配作零部件时，首先需要保证各个零部件之间能够正确地协同工作，实现所需的功能。因此，应当充分了解每个零部件的原理和作用，避免配错或漏配关键零部件。

2）相容性：在原型制作中，可能需要使用不同品牌、不同型号的零部件，因此需要考虑它们之间的相容性。应当选择具有良好兼容性的零件，并且在配选时要注意其尺寸、形状等参数是否相符。

3）可替换性：在配作零部件时，还需考虑零部件的可替换性。如果某个零部件需要更换或升级，应当确保可以方便地替换，而不需要重新设计整个原型。

4）经济性：原型制作需要花费一定的成本，因此在配作零部件时还需考虑经济性。应当尽量选择性价比较高的零部件，并且在需要使用大量相同零部件时，可以集中采购以降低成本。

二、配作对产品质量的影响

配作的好坏对产品质量影响非常大，具体影响见表 6-10。

表 6-10 配作对产品的影响

因素	影响
零件配合不符合技术要求	无法正常工作
零部件之间与机构之间相对位置不正确	无法连接
配作误差大	产品消耗功率增大、影响产品的工作能力

三、产品零部件配作工序

整机配作需遵循的基本顺序为：①先轻后重；②先小后大；③先铆后装；④先装后焊；⑤先里后外；⑥先平后高。

四、产品零部件配作过程

步骤一：配作前的准备阶段。
步骤二：零件选用不同形式连接，校正零件相对位置。
步骤三：调整与试验，保证配作机构或机器达到质量要求。

五、增材制造产品配作形式

增材制造产品零件之间需要预留一定的配作间隙，具体见表 6-11。

表 6-11　增材制造产品的配作间隙

工艺	配作间隙
FDM	单边 0.2~0.3mm
SLA	单边 0.1~0.2mm

六、产品零部件配作注意事项

配作过程需保证没有杂质留在零件或部件中，因此配作前要清除零件残留物，如型砂、铁锈、铁屑、油污及其他杂质，配作后清除配作时产生的瑕疵及异物金属碎屑。

在配作零部件时，还需注意以下几个问题：

1）注意零部件的品质和质量控制，必须使用符合标准、质量可靠的零部件。
2）避免配错或漏配关键零部件，导致原型无法正常工作。
3）需要注意零部件的尺寸、形状等参数是否符合实际需要，避免出现设计上的偏差。
4）在选择零部件厂商时，应该选择有良好声誉和信誉的厂商，以确保供货和售后服务质量。

产品零部件配作	学习任务单	班级：
		姓名：

请结合前面所述的知识，查阅相关资料，完成以下任务：

一、填空题

1. FDM 工艺的配作间隙单边_____mm。
2. SLA 工艺的配作间隙单边_____mm。
3. 配作过程中需保证没有_____留在零件或部件中。
4. 产品零部件配作时需要预留_____。
5. 产品零部件配作前需要清理_____。

二、判断题

1. 产品配作质量的优劣取决于配作过程的质量控制。（　　）
2. 产品配作与制造工艺无关。（　　）
3. 产品配作顺序对组装产品没任何影响。（　　）
4. 增材制造产品之间不需要预留配作间隙。（　　）
5. 产品配作需依照工序进行。（　　）

三、简答题

1. 列出产品零部件配作工序。
_____
_____

2. 简述增材制造产品的配作形式。
_____
_____

3. 简述产品零部件配作的注意事项。
_____
_____

实训任务　产品零部件配作

实训器材

电吹风各模块零件、各种成型工艺制作的零件、钳口工具、剪切工具、紧固工具、紧固件、焊接工具。

作业准备

归类放置电吹风各模块零件、装配产品的螺纹紧固件。

操作步骤

1. 准备产品整体配作工具

（1）钳口工具　产品配作使用的钳口工具主要有尖嘴钳（图6-24）、平嘴钳（图6-25）以及镊子（图6-26）。

图 6-24　尖嘴钳

图 6-25　平嘴钳

图 6-26　镊子

1）尖嘴钳。用于焊接网绕导线和元器件引线、引线成形、布线、夹持小螺母、夹持小零件等。

2）平嘴钳。用于拉直裸导线或将较粗的导线及较粗的元器件引线成形。

3）镊子。用于夹持物体。医用镊子可夹持大物体，普通镊子夹持细小物体。焊接时，可用镊子夹持导线或元器件。

（2）剪切工具　产品配作使用的剪切工具主要有偏口钳（图6-27）和剪刀（图6-28）。

1）偏口钳。又称斜口钳，用于剪切导线，适合剪去网绕后元器件多余引线。剪线时钳头朝下，不变动方向时用另一只手遮挡，防止线头飞出伤眼。

图 6-27 偏口钳

图 6-28 剪刀

2）剪刀。大体分为普通剪刀和剪切金属线材的专用剪刀。剪切金属线材的专用剪刀头部短而宽，刀口角度大，能承受大剪切力。

（3）紧固工具 产品配作使用的紧固工具主要有螺钉旋具（图 6-29）、螺母旋具（图 6-30）以及各类扳手（图 6-31）。

图 6-29 螺钉旋具

图 6-30 螺母旋具

螺钉旋具也称螺丝刀、改锥或起子，常用的有一字形和十字形螺钉旋具，分为自动、电动以及风动形式。

（4）紧固件 产品配作使用的紧固件主要有螺钉（图 6-32）、螺母（图 6-33）、垫圈（图 6-34）、螺栓（图 6-35）、螺柱（图 6-36）、压板（图 6-37）、夹线板（图 6-38）和铆钉（图 6-39）。

紧固件在整机组装中起到各部分连接、部件组装以及元器件固定、锁紧和定位功能。

图 6-31 各类扳手

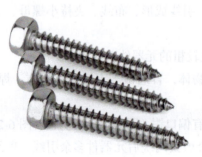

图 6-32 螺钉

图 6-33 螺母

图 6-34　垫圈

图 6-35　螺栓

图 6-36　螺柱

图 6-37　压板

图 6-38　夹线板

图 6-39　铆钉

（5）焊接工具　产品配作使用的焊接工具主要是电烙铁，如图 6-40 所示。电烙铁的作用是加热焊料和被焊金属，使焊料与金属表面生成合金，从而达到焊接的效果。

图 6-40　电烙铁

2. 电吹风零部件配作

步骤一：将零部件 1 放到电吹风底座上壳对应位置，如图 6-41 所示。根据紧固方式，使用螺钉进行紧固，如图 6-42 所示。

电吹风产品
整体配作

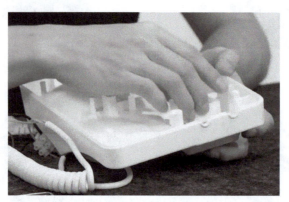

图 6-41　组装零部件（一）

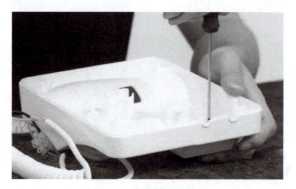

图 6-42　螺钉紧固（一）

步骤二：将电吹风电源线的接口部件装到电吹风底座上壳的对应位置，如图 6-43 所示。根据紧固方式，使用螺钉进行紧固，如图 6-44 所示。

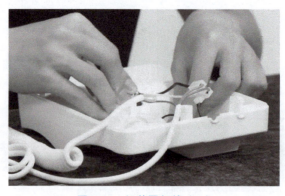

图 6-43　组装零部件（二）

模块六 产品表面处理及配作 153

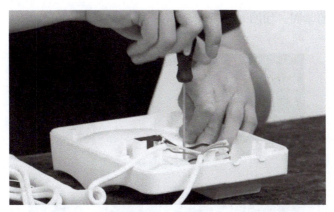

图 6-44 螺钉紧固(二)

步骤三:将零部件 2 放到电吹风底座上壳对应位置,如图 6-45 所示。

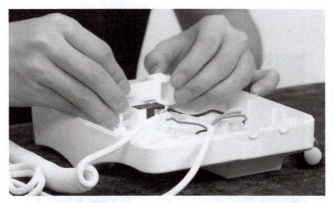

图 6-45 组装零部件(三)

步骤四:将零部件 3 放到电吹风底座上壳对应位置,如图 6-46 所示。

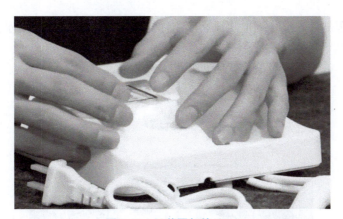

图 6-46 组装零部件(四)

步骤五:将电吹风底座和底座上壳的装配结构对准并进行组装,如图 6-47 所示。使用螺钉进行零部件间的紧固，如图 6-48 所示。

图 6-47　组装零部件（五）

图 6-48　螺钉紧固（三）

步骤六：将零部件 6 安装到电吹风底座主体对应位置，如图 6-49 所示。

图 6-49　组装零部件（六）

步骤七：将零部件 7 安装到电吹风底座后盖对应位置，如图 6-50 所示。

图 6-50　组装零部件（七）

步骤八：将电子元器件安装到电吹风筒身中，如图 6-51 所示。

图 6-51　组装电子元器件

步骤九：将电吹风换档控制按钮组装到相应位置，如图 6-52 所示。

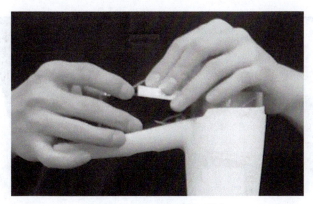

图 6-52　组装零部件（八）

步骤十：使用电烙铁工具焊接电线并用电工胶布封装好，如图 6-53 和图 6-54 所示。以同样的方法，将内部所有电线连接完成。

步骤十一： 将电吹风后盖与主体组装为整体，如图6-55所示。因为内部存在较多配件，所以组装过程需要细心和耐心。

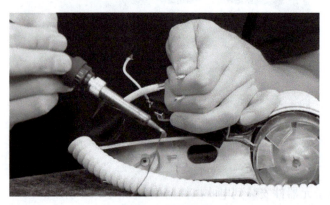

图6-53 焊接电线

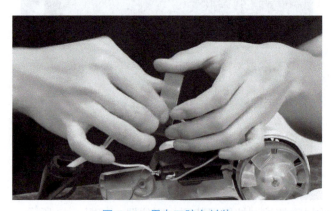

图6-54 用电工胶布封装

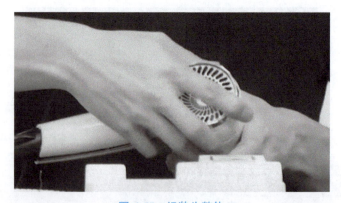

图6-55 组装为整体

步骤十二： 检查并加强紧固零部件，如图6-56所示。检查运动部件是否顺畅，如

图 6-57 所示。确认无误后完成电吹风整体产品配作。

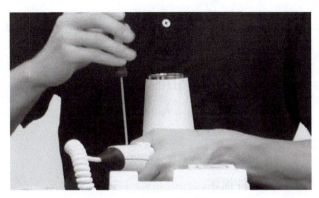

图 6-56　检查并加强紧固零部件

图 6-57　检查运动部件

步骤十三：接通电源并进行产品功能试验，以达到正常使用的效果，如图 6-58 所示。

图 6-58　产品功能试验

3. 产品配作问题评估

在产品配作过程中，可能出现的问题、原因及解决方式具体见表 6-12。

表 6-12 产品配作问题

问题	原因	解决方式
产品设计缺陷	结构设置不合理	① 提前了解产品用途； ② 设计合理的产品结构； ③ 选用适合的材料
	选用材料不合适	
产品制造缺陷	加工、制作、配作过程中不符合设计规范、加工工艺要求	① 制订设计规范； ② 遵循规范制作产品零部件
	没有完善的控制和检验手段	

4. 电吹风产品整体配作技巧

1）使用专用工具，防止零件损坏。

2）做好个人安全防护措施。

3）按标准工艺进行，避免漏装、错装以及多装零件的情况发生。

结合标准化流程中自身操作所遇到的问题及难点，分析造成原因并提出解决办法，在此基础上撰写实训任务总结。

产品零部件配作			实习日期:			
姓名:		班级:	学号:			
自评:		互评:	师评: □合格 □不合格		教师签名:	
日期:		日期:	日期:			
【评分细则】						
序号	评分项	得分条件	分值	评分要求	自评	互评	师评
1	安全/7S/态度	□能进行工位 7S 操作 □操作前能正确穿戴防护用具 □能进行"三不落地"操作	20	未完成一项扣 5 分	□熟练 □不熟练	□熟练 □不熟练	□合格 □不合格
2	专业技能能力	作业 1： □完成学习任务单 □正确填写题目答案 作业 2： □熟悉零部件配作的原则和影响 □熟悉产品零部件配作工序 □熟悉产品零部件配作过程与形式 □熟悉产品零部件配作注意事项 作业 3： □填写实训任务总结	50	未完成一项扣 15 分，不得超过 50 分	□熟练 □不熟练	□熟练 □不熟练	□合格 □不合格
3	工具使用能力	□正确规范使用工具、物料	15	未完成一项扣 5 分，不得超过 15 分	□熟练 □不熟练	□熟练 □不熟练	□合格 □不合格
4	问题分析能力	□分析配作使用的工具 □分析配作的合格性 □分析配作过程中的问题 □分析配作的改进策略	10	未完成一项扣 2 分	□熟练 □不熟练	□熟练 □不熟练	□合格 □不合格
5	表单撰写能力	□字迹清晰 □语句通顺 □无错别字 □无涂改 □无抄袭	5	未完成一项扣 1 分	□熟练 □不熟练	□熟练 □不熟练	□合格 □不合格
总分:						

模块七 辅助工艺

素养园地

随着科技的不断进步和全球制造业的快速发展,新质生产力与智能制造成为推动制造业转型升级的关键驱动力。新质生产力强调的是以科技创新和制度创新为核心,通过提高生产率和经济效益来推动经济发展。而智能制造则是利用现代信息技术,实现制造过程的自动化、智能化和集成化,以提高生产率和产品质量。

新质生产力与智能制造之间存在着密切的联系与互动。智能制造是新质生产力的具体体现之一,它通过数字化技术和智能化系统,推动了生产方式的革新和效率的提升。反过来,新质生产力的不断提升为智能制造提供了更广阔的发展空间和技术支撑,它加速了我国传统制造产业向高端制造业转型的步伐,推进了产业升级(图7-1)。在智能制造领域,我国已经成为全球领先的制造大国之一,数字化、网络化、智能化等新技术的应用,使得我国制造企业能够更好地管理生产流程、提高生产率、优化供应链管理和营销策略,并在全球市场上获得更大的竞争优势。

图7-1 产业升级

任务一　认识减材制造工艺

学习目标

◆ 知识目标

1）理解减材制造工艺的原理。
2）熟悉减材制造工艺的特点。

◆ 技能目标

能够使用增材制造工艺处理减材制造工艺的缺点。

素养目标

1）通过在工作过程中与小组其他成员合作、交流，培养学生的团队合作意识，锻炼其沟通能力。
2）开展 7S 活动，培养学生的职业能力。

任务描述

近年来，增材制造和减材制造的结合越来越受欢迎，增减材协同制造已逐渐成为趋势，许多行业已经受益于这种复合制造的零件。事实上，尽管两种生产方法之间存在差异，但它们能以互补的方式使用，充分结合其优势，实现更高效、更精确的制造。为了能够在生产中实施这些技术，准确了解这些技术的组成部分非常重要，本任务围绕减材制造工艺的原理、特点以及与增材制造的有机结合等内容进行学习。

相关知识

一、减材制造工艺

减材制造工艺主要指数控加工工艺。数控加工如图 7-2 所示。

图 7-2　数控加工

1. 数控加工原理

根据零件图样及工艺要求等条件,编制零件数控加工程序,并输入数控机床的数控系统中,用以控制数控机床中刀具与工件的相对运动,从而完成零件的切削加工。

2. 数控加工过程

1)根据零件图样要求确定零件加工的工艺过程、工艺参数和刀具参数。

2)用规定的程序代码和格式编写零件数控加工程序。可采用手工编程、自动编程的方法完成零件的加工程序。

3)通过数控机床操作面板或用计算机传送的方式将数控加工程序输入数控系统。

4)按照数控程序进行试运行、刀具路径模拟等。

5)通过对机床的正确操作及运行程序来完成零件加工。

3. 数控加工设备

数控加工设备主要指数控机床,数控机床主要由五部分组成,分别是:主机、数控装置、驱动装置、辅助装置和编程及其他附属设备计算机,各部分的功能作用见表7-1。

表 7-1 数控机床组成部分及作用

组成部分	功能作用
主机	数控机床主体,包括床身、立柱、主轴、进给机构等机械部件,用于完成各种切削加工的机械部件
数控装置	数控机床的核心,包括硬件(印制电路板、CRT显示器、键盒、纸带阅读机等)以及相应的软件,用于输入数字化的零件程序,并完成输入信息的存储、数据的变换、插补运算以及实现各种控制功能
驱动装置	数控机床执行机构的驱动部件,包括主轴驱动单元、进给单元、主轴电动机及进给电动机等,在数控装置的控制下,通过电气或电液伺服系统实现主轴和进给驱动。当多个进给轴联动时,可以完成定位、直线、平面曲线和空间曲线的加工
辅助装置	数控机床辅助装置包含自动换刀系统、夹具系统、冷却系统、自动测量系统以及自动送料系统。数控机床辅助装置的作用是提高数控机床的加工效率和精度,减少人工操作,降低劳动强度,提高生产率
编程及其他附属设备	可用来在机床外进行零件的程序编制、存储等

4. 数控机床分类

(1)金属切削类数控机床 此类机床包含:数控车床、数控铣床、数控磨床、数控镗床以及数控加工中心等,分别如图7-3~图7-7所示。数控加工中心是带有自动换刀机构,在一次装夹后可进行多种工序加工的数控机床。

(2)金属成形类数控机床 此类机床包含:数控折弯机、数控弯管机,如图7-8和图7-9所示。

(3)数控特种加工机床 此类机床主要包含:数控线切割机床、数控电火花加工机床以及数控激光切割机床,如图7-10~图7-12所示。

图 7-3　数控车床

图 7-4　数控铣床

图 7-5　数控磨床

图 7-6　数控镗床

图 7-7　数控加工中心

图 7-8　数控折弯机

图 7-9　数控弯管机

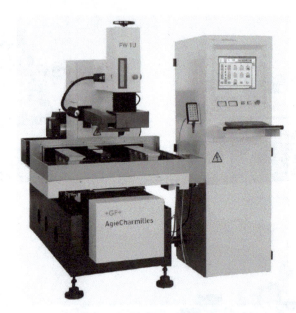

图 7-10　数控线切割机床

图 7-11　数控电火花加工机床

图 7-12　数控激光切割机床

二、数控加工工艺优点

数控加工工艺优点见表 7-2。

表 7-2　数控加工工艺优点

优点	说明
工序集中	数控机床一般带有可自动换刀的刀架、刀库，换刀过程由程序控制自动进行
自动化	数控机床加工时，不需人工控制刀具，自动化程度高，降低了工人的劳动强度、产品质量稳定以及加工效率高
柔性化程度高	只要改变程序，就可以在数控机床上加工新的零件，适应市场竞争
加工能力强	数控机床能精确加工各种轮廓

三、数控加工工艺缺点

数控加工工艺缺点见下表 7-3。

表 7-3　数控加工工艺缺点

缺点	说明
维护技术要求高	数控机床内含较多的精密仪器和零部件，对维修人员的技术要求高
加工编程技术要求高	数控机床操作需要由专业的程序员编写加工程序
维修、维护费用昂贵	经长期使用设备零部件会产生磨损，需经常检测与维护
制造灵活性受限	由于工艺原因，存在无法通过数控机床加工具有复杂结构的零部件或产品
对夹具要求高	对于专用零部件的加工，对夹具要求高并且加工夹具时间长、成本高

四、增材制造与减材制造的协同

现今许多企业的生产车间仍然依靠数控加工手段（减材制造）作为主要生产力，随着增材制造技术的兴起与发展，越来越多企业将增材制造纳入工作流程，甚至更换数控加工设备，通过有效、有机地结合增材、减材制造技术，优化产品的综合性能、有效减少运营成本以及提高生产率。

针对数控加工存在的缺点，采用增材制造工艺能够进行一定的技术补充。

1. 应用于数控加工工装夹具

在机床上用以固定加工对象，使之占有正确加工位置的工艺装备称为机床夹具（以下简称夹具）。夹具对实现机械加工的高质量、高生产率、低成本具有重要的作用。

（1）工件装夹的目的　在数控机床上对工件进行加工时，为了保证加工表面相对于其他表面的尺寸和位置精度，首先需要使工件在机床上占有准确的位置，并在加工过程中能承受各种力的作用，从而始终保持这一准确位置不变。前者称为工件的定位，后者称为工件的夹紧，整个过程统称为工件的装夹。定位和夹紧一般是指装夹工件先后（或同时）完成的两个动作,是两个不同的概念,具有不同的功用。定位是使工件具有准确的位置;夹紧是使工件保持定位的位置不变,并不起定位作用。

由此可知,工件装夹的实质是在机床上对工件进行定位和夹紧。工件装夹的目的是:通过定位和夹紧使工件在加工过程中始终保持其正确的加工位置,以保证达到该工序所规定的加工技术要求。

(2)装夹工件的方法　在机床上装夹工件的方法一般有两种:

1)将工件直接装夹在机床工作台(或法兰盘)上。此方法一般需要逐个按工件的某一表面或按划线找正工件的加工位置,然后夹紧。

2)使用各种通用夹具、专用机床夹具以及3D打印夹具来装夹工件。

(3)3D打印夹具制作过程

步骤一:通过3D扫描技术,获得固定工件的3D模型数据,分析固定工件3D模型数据制订合适的夹具,通过三维CAD软件建模并输出3D打印STL格式文件。

步骤二:通过3D打印机制造夹具。

步骤三:通过紧固或配合的方式与固定工件配作夹具。

步骤四:将完成的夹具装夹好工件后,固定至数控机床上进行加工。

(4)3D打印夹具方案　在工作生产中,3D打印夹具应用广泛,图7-13~图7-19所示为3D打印夹具方案示例。

图7-13　3D打印夹具方案—产品位置固定

图7-14　3D打印夹具方案—产品装夹

图 7-15　3D 打印夹具方案—产品定位

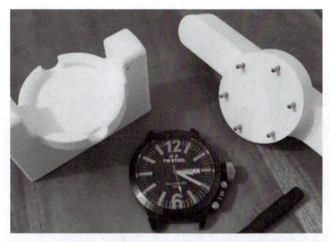

图 7-16　3D 打印夹具方案—产品辅助定位

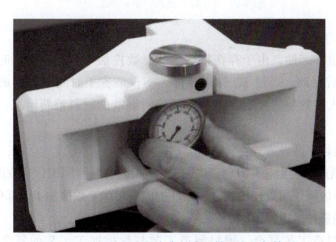

图 7-17　3D 打印夹具方案—产品辅助定位与检测

图 7-18 3D 打印夹具方案—产品辅助配作

图 7-19 3D 打印夹具方案—增加功用

2. 零部件复合制造应用

对于某些用途零部件,由于存在特殊形状,数控加工会花费很长时间,并且需要大量的准备时间和后处理。通过 3D 打印零件,不仅节省了时间和材料成本,还节省了后处理所需的操作人员数量。复合制造减轻了减材制造的材料浪费情况,材料消耗减少高达 97%。

复合制造具有以下两种方式:

(1)零部件制造工艺更替 3D 打印零件由于工艺与材料原因,负载能力较弱,因此可在负载较高的零件区域使用数控加工金属零件加固或替代。数控加工零部件中无法加工制作的结构可用增材制造技术进行制作。

(2)零部件制造工艺复合 增材制造工艺与数控加工工艺的复合能够相互弥补两

种技术存在的缺点，还可以生产原型和具有功能性的最终用途零部件。零部件增材制造后使用减材制造进行缺陷的处理，可严格控制零部件的尺寸精度以及减少材料的损耗，可以应对某些行业的严苛要求，如汽车和航空航天领域中的零件复杂性和高生产率要求。

零部件复合制造的优点见表 7-4。

表 7-4 零部件复合制造的优点

优点	说明
提高生产率	由于增材制造和数控加工过程在单台设备上运行，因此无须更换零件和重新校准设备
实现更高的精度	增材制造可创建比数控加工更复杂的几何形状和零件结构，在单台设备上生产整个零件也减少了加工缺陷或错误的可能性
使用多种材料	可以用强度更高的金属包覆强度较低的零件，添加高性能材料以改善零件运动和热传递
减少前期投资和运行成本	仅在需要的地方使用昂贵的材料，节省了材料成本。单台复合制造设备消耗的能源更少，需要的占地面积也更少
减少材料损耗	减轻了减材制造的浪费情况
制造灵活性强	能够制造具有内部冷却通道等功能的部件

复合制造具有许多优点，在市场上的应用也非常广泛，主要应用见表 7-5。

表 7-5 复合制造应用

应用	说明
航空航天	航空航天工业需要具有严格公差的耐热、坚固、轻便的部件。复合制造可以用增强热塑性塑料和铝等金属制造这些部件
汽车工程	汽车发动机和底盘包含大量复杂零件。复合制造使汽车制造商能够在一台机器上生产这些部件，从而降低材料和劳动力成本
通用工程	复合制造使制造过程更加智能化、灵活化和高效化，提高了生产率和质量，降低了成本和风险
医疗行业	复合制造可以帮助医疗行业人员打造完美贴合的定制植入物、假肢和手术工具。基于增材制造技术提供零件定制，数控加工工艺可确保理想的零件质量

减材制造工艺	学习任务单	班级：
		姓名：

请结合前面所述的知识，查阅相关资料，完成以下任务：

一、填空题
1. 加工轴类零部件应使用_____设备。
2. 加工盘类零部件应使用_____设备。
3. 数控加工工艺属于_____。
4. 数控加工中心有_____装置。
5. 数控加工过程中对零件进行_____。

二、判断题
1. 数控加工精度非常低。（   ）
2. 数控加工零件材质只能是金属材质。（   ）
3. 数控加工属于减材制造。（   ）
4. 数控加工能够与增材制造技术协同制造零件。（   ）
5. 数控加工的缺点主要是无法加工零件内部复杂结构。（   ）

三、简答题
1. 简述数控加工的优点。
_____
_____

2. 简述数控加工的缺点。
_____
_____

3. 简述数控加工与增材制造技术复合制造工件的方式。
_____
_____

任务二　认识产品包装工艺

学习目标

◆ 知识目标
1）熟悉包装的概念与构成要素。
2）理解包装色彩的表达。
3）理解包装的材质。

◆ 技能目标
1）能够对不同的产品设计合适的色彩。
2）能够对不同的产品选用合适的包装材料。

素养目标

1）通过在工作过程中与小组其他成员合作、交流，培养学生的团队合作意识，锻炼其沟通能力。

2）开展 7S 活动，培养学生的职业能力。

任务描述

产品包装的重要性和意义在于它能够吸引消费者的注意力，引导人们的购物选择，把注意力转化为兴趣，并促进品牌产品的销售。好的包装能够提高新产品的吸引力，包装本身的价值也能成为消费者购买某项产品的动机。本任务围绕产品的包装构成与工艺进行学习。

相关知识

一、包装的基础知识

包装是建立产品与消费者亲和力的有效手段，可以直接影响消费者的购买欲望，包装设计要结合产品的个性特点来给产品进行准确定位。一个成功的包装设计应具备：①货架形象；②可读性；③外观图案；④商标印象；⑤功能特点说明；⑥提炼卖点及特色。

1. 包装的特点

商品包装是一种实现商品价值和使用价值的手段，也是品牌形象的再次延伸。包装可以从色彩、材质、形状、构图、文字、创意等方面进行研究，其特点见表 7-6。

表 7-6 包装的特点

特点	说明
包装的色彩	通过对色相、明度、纯度等元素进行研究，并将几种色彩进行搭配，从而给消费者留下深刻印象
包装的材质	为不同产品选择适合的材质，凸显产品特色
包装的文字	分为基本文字、资料文字和说明文字，既要对产品进行整体介绍，又要凸显其艺术性

2. 包装的构成要素

包装是以色彩、材质、形状、构图、文字创意等艺术形式，装饰、保护和美化产品，突出产品的特点和形象。产品包装力求造型精巧、图案新颖、色彩明朗、文字鲜明，以促进产品的销售。包装构成要素的特点见表 7-7。

表 7-7 包装构成要素的特点

构成要素	特点
色彩设计	展示产品内涵
形状设计	可分为实物图形、装饰图形
文字设计	传达信息、美化产品

（1）色彩　产品能否刺激消费者的购买欲望，色彩是第一视觉要素，其次消费者才会考虑产品的特点、功能等。色彩不仅易于表现情感，同时具有刺激人的视觉和引起注意力、快速传达某种信息的作用。产品包装的色彩搭配正是运用这一点，通过合理的色彩搭配来达到树立产品形象的目的。

食品包装常选用鲜艳的颜色（红色、橙色、黄色、绿色等），强调美味感。

化妆品包装常选用柔和的色彩（桃红、粉红、淡绿色等），代表柔美气质。

医药类产品包装常选用单一的冷暖色（红色、绿色、蓝色等），代表稳定、安心、专业。

（2）材质　材料的选择在包装设计中非常重要，要充分考虑其实用性、艺术性、稳定性和成本。商品包装常用的材料有金属、纸张、塑料、玻璃、木材、陶瓷、棉麻等，其中纸张、金属、塑料、玻璃最为常见。

包装材料的选择要根据产品自身的特性来决定，并以科学性、经济环保为基本原则。

（3）包装方式　包装方式分为单件运输包装（图 7-20）和集合运输包装（图 7-21）。

图 7-20　单件运输包装

图 7-21　集合运输包装

（4）包装造型　包装造型分为箱袋包装（图 7-22）、桶袋包装（图 7-23）以及自由形状包装（图 7-24）。

图 7-22　箱袋包装

图 7-23 桶袋包装

图 7-24 自由形状包装

（5）包装材料　按包装材料的不同，可分为纸制包装（图 7-25）、金属包装（图 7-26）、木制包装（图 7-27）、塑料包装（图 7-28）、麻制品包装（图 7-29）、竹制包装（图 7-30）、玻璃制品包装（图 7-31）以及陶瓷包装（图 7-32）。

图 7-25 纸制包装

图 7-26 金属包装

图 7-27 木制包装

图 7-28 塑料包装

图 7-29　麻制品包装

图 7-30　竹制包装

图 7-31　玻璃制品包装

图 7-32　陶瓷包装

（6）包装形式　包装形式分为软性包装（图 7-33）、半硬性包装（图 7-34）以及硬性包装（图 7-35）。

图 7-33　软性包装

图 7-34　半硬性包装

（7）包装程度　按包装程度不同，可分为全部包装（图7-36）和局部包装（图7-37）。

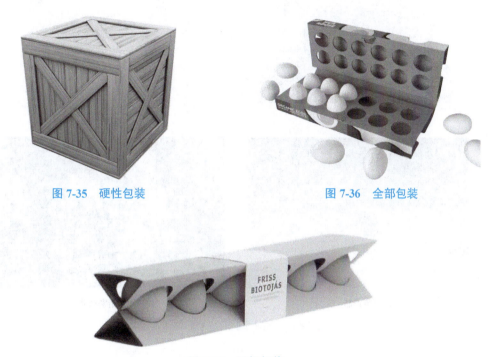

图7-35　硬性包装　　　　　　　　　图7-36　全部包装

图7-37　局部包装

二、产品包装的原则与标准

1. 保护产品原则

产品包装不仅应保证产品的安全和产品质量，而且能够保护产品的仓储者、运输者、销售者和消费者的合法权益。要根据产品不同性质（固态、液态、易燃、易碎、贵重、精密）（图7-38）和特点，选用包装材料和包装技术。选用的包装材料必须适合产品的物理、化学以及生物性能，保证产品不损坏、不变质、不变形以及不渗漏，如图7-39所示。

a) 固态产品　　　　　　　　　　b) 液态产品

图7-38　不同性质的包装产品

c）易燃产品

d）易碎产品

e）贵重产品

f）精密产品

图 7-38　不同性质的包装产品（续）

a）包装损坏

b）产品变质

c）包装变形

d）包装渗漏

图 7-39　各种包装产品出现的问题

2. 便于使用原则

产品包装需考虑储存、陈列、携带功能以及拆解便利程度，在保证包装封口严密的条件下，要求易开启。

3. 便于运输保管与陈列原则

一般产品包装需考虑排列组合的合理性，适应运输与储存的需求，因此包装的造型结构、尺寸大小，应同运输包装要求吻合，以便运输和储存。在保证产品安全的前提下，应缩小包装体积，节省包装材料与运输成本。

4. 美观大方原则

产品包装可体现企业的文化素质，产品包装美观且图案生动形象能起到美化产品和宣传产品的作用。包装示例如图7-40所示。

图7-40　美观大方的产品包装

三、产品包装的技巧

1）若有多件物品，要把物品都分开放置。常用的包装材料有纸箱（图7-41）、泡沫箱（图7-42）、牛皮纸（图7-43）、文件袋（图7-44）、编织袋（图7-45）、自封袋（图7-46）以及无纺布袋（图7-47）等。

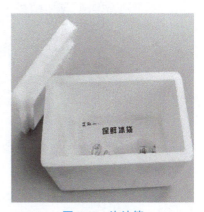

图7-41　纸箱　　　　　　　　　　图7-42　泡沫箱

图 7-43 牛皮纸

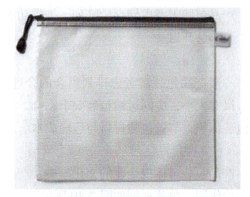

图 7-44 文件袋

图 7-45 编织袋

图 7-46 自封袋

图 7-47 无纺布袋

2）需准备缓冲包装材料。缓冲材料主要有泡沫板（图 7-48）、泡沫颗粒（图 7-49）、泡沫皱纸（图 7-50）、气泡膜（图 7-51）以及珍珠棉（图 7-52）。

图 7-48　泡沫板

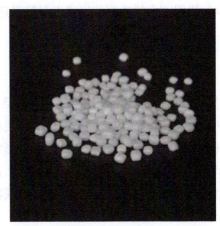

图 7-49　泡沫颗粒

图 7-50　泡沫皱纸

图 7-51　气泡膜

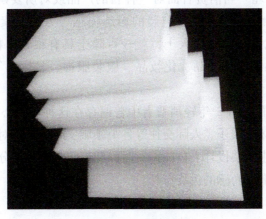

图 7-52　珍珠棉

3）若用旧箱子包装产品，需要将原有的标签贴纸移除并且需确保其承载力满足要求。

4）使用宽大的透明胶带或者封箱带进行包裹紧固。

四、包装设计策划

1. 了解产品特性

按照产品的特性所设计出的符合产品的特有包装，既美观又能发挥出包装的最大功能。运输中也能依照产品的特性，设计出最便利与安全的包装。

包装的外观设计，就是产品的外在形象，包装设计的风格应取决于产品的性格特征，如古朴与时尚、柔和与强烈、奔放与典雅。这些特征应该在包装设计中用视觉语言准确地传达给消费者，也就是说包装设计的艺术表现特性应建立在产品内容特征的基础上，以体现出目的性与功能性。

2. 了解使用者的心理特征

产品的对象是消费者，因此，包装设计就要依据消费者的审美、喜好、消费习惯来进行定位。作为包装设计人员，若不了解消费者的消费心理、闭门造车，工作就会陷于盲目，从而影响到产品的销售。

消费者的购买行为，往往会受到生活方式、社会环境、风俗习惯以及个人喜好的影响，而且购买行为的产生和实施也是一个复杂的心理活动过程。每一位消费者的年龄、性别、职业、收入、文化水平、民族、信仰、性格等各方面都是不同的，所以消费心理活动也是各种各样的。要抓住目标消费者的心理，才能做出针对消费者的优秀的包装设计。

（1）讲求实惠的心理　这是广大老百姓、工薪阶层和具有成熟消费心态顾客的一种普遍心理特征。这部分消费者追求商品的实际使用价值，喜欢物美价廉的产品，擅长于产品的比较，具有一定的产品鉴别知识，对五花八门的产品宣传具有一定的判断力。

（2）追求审美的心理　当消费者面对一种新的产品或对所要购买的产品缺乏了解时，就会把产品包装的设计美感、色彩、包装的形态美感等方面因素作为选择的依据之一。例如，知识阶层、文化素养较高的人士，就较青睐于具有雅致、精细美感特征包装的产品。这种特点在装饰品、文化用品、化妆品、服装服饰、日用品等类别产品中反映尤为突出。

（3）追求时尚潮流的心理　年轻消费者中普遍存在这种消费心理特征，反映在生活方式、饮食、服饰文化、休闲娱乐、人际交往等各个领域。时尚文化对于年轻人的消费起着巨大的引导作用，这就要求包装设计人员应该对时尚和流行文化有充分的了解，并具备一定的预见性，才能设计出具有时尚感的包装作品。

认识产品包装工艺	学习任务单	班级：
		姓名：

请结合前面所述的知识，查阅相关资料，完成以下任务：

一、填空题

1. 选用的包装材料必须适合产品的_____、_____以及_____性能。
2. _____是第一视觉要素。
3. 包装是以_____、_____、_____、构图、文字创意等艺术形式，装饰、保护和美化产品，突出产品的特点和形象。
4. 包装设计的风格应取决于产品的_____。
5. 包装的促销作用和存在所针对的对象是_____。

二、判断题

1. 产品包装对产品销售没有任何影响。（　　）
2. 产品包装设计与色彩无关。（　　）
3. 产品包装尺寸应与实际产品尺寸一致。（　　）
4. 产品包装能够体现企业的形象。（　　）
5. 产品包装一定是全封闭产品。（　　）

三、简答题

1. 简述产品包装设计应如何策划。
_____
_____
_____

2. 简述产品包装的作用。
_____
_____
_____

3. 简述产品包装具备哪些原则（至少列3项）。
_____
_____
_____

任务三　辅助工艺与产品交付

学习目标

◆ 知识目标

1）掌握产品喷砂工艺的原理。
2）掌握产品丝网印刷工艺的原理。
3）掌握超声波焊接工艺的原理。
4）掌握产品交付的流程。

◆ 技能目标

1）能够对不同产品制订合适的辅助工艺。

2）能够对不同产品制订合适的交付形式。

素养目标

1）通过在工作过程中与小组其他成员合作、交流，培养学生的团队合作意识，锻炼其沟通能力。

2）开展 7S 活动，培养学生的职业能力。

任务描述

对于原型制作的零件，可利用辅助工艺（如喷砂、丝网印刷、超声波焊接等工艺）对零件进行处理，进一步提高成品的美观性，从而在交付客户后提高客户的使用体验，树立企业形象。本任务围绕产品辅助工艺与产品交付内容进行知识点的感性认识。

相关知识

一、产品辅助工艺

产品辅助工艺主要有喷砂、丝网印刷以及超声波焊接工艺。

1. 喷砂工艺

（1）概念　喷砂在金属材质或塑料材质零件表面处理中应用广泛，其工艺原理是通过加速的磨料颗粒向零件表面撞击，进而达到除锈、去毛刺、去氧化层以及表面哑光处理的目的，如图 7-53 所示。喷砂工艺能改善零件表面质量和提升力学性能。

产品试制常见的辅助工艺

图 7-53　喷砂工艺

（2）特点　喷砂工艺的优点与缺点见表 7-8。

表 7-8　喷砂工艺的优点与缺点

优点	缺点
除锈效果好	因为有磨砂效果，所以光滑度低
效率较高	产生噪声污染
—	容易附着灰尘等污垢

2. 丝网印刷工艺

（1）概念　丝网印刷属于孔板印刷，是一种具有非常鲜明的印刷特色和成像过程的印刷工艺技术，如图7-54所示。由于丝网印刷的灵活性与广泛的适应性，更多的设计作品甚至在以纸张为印刷载体的印刷品中采用丝网印刷取代胶板印刷，以便更生动地表达创意设计理念，某些时候，这样的选择确实是个不错的主意。

图7-54　丝网印刷工艺

（2）特点　丝网印刷工艺的优点与缺点见表7-9。

表7-9　丝网印刷工艺的优点与缺点

优点	缺点
光泽度高	多个颜色印刷难度高
立体感强	小批量印刷价格高
价格相对便宜，可操作性强	表面凹凸不平则不能印刷
墨水附着能力强	同一批产品，印刷厚度不一样
有良好的表现力	—

3. 超声波焊接工艺

（1）概念　超声波焊接是利用超声波的高频振动、在加压的情况下使两物体表面相互摩擦，进而形成分子间熔合的焊接方法，如图7-55所示，它不仅可用来焊接硬质热塑性塑料，还可以加工织物和薄膜。

（2）特点　超声波焊接工艺的优点与缺点见表7-10。

图 7-55　超声波焊接工艺

表 7-10　超声波焊接工艺的优点与缺点

优点	缺点
焊接速度快	只限于丝、箔、片、条、带等薄件的焊接
焊接强度高	—
密封性好	—
清洁无污染	—
成本低廉	—

二、产品交付

1. 产品交付形式

产品交付形式分为线上产品交付和线下产品交付。详见相关微课视频。

产品交付要求讲解

（1）线上产品交付流程

步骤一：在线产品订单成交付费（线上）。

步骤二：在线填写信息并核对（线上）。

步骤三：安排专家列出具体的产品订单交付方案（线下）。

步骤四：制定方案书（线上）。

步骤五：完成产品环节核定归档（线上）。

（2）线下产品交付流程

步骤一：会销产品订单成交付费（线下）。

步骤二：填写信息并核对（线上）。

步骤三：安排专家列出具体的产品订单交付方案（线下）。

步骤四：制定方案书（线上）。

步骤五：完成产品环节核定归档（线上）。

2. 影响产品交付的因素

影响产品交付的因素主要有：①产品包装运输过程；②产品交付前的检验及正确性。详见相关微课视频。

辅助工艺与产品交付	学习任务单	班级：
		姓名：

请结合前面所述的知识，查阅相关资料，完成以下任务：

一、填空题

1. 喷砂工艺能改变物体_____和_____。
2. 产品交付分为线上交付和_____。
3. 喷砂工艺能够使产品外观获得_____效果。
4. 丝网印刷主要用于产品_____特征。
5. 超声波焊接主要用于_____材质。

二、判断题

1. 先对产品整体包装、标签检查完后，再进行产品交付。（ ）
2. 产品交付只有线下交付。（ ）
3. 产品交付前不需要进行功能测试。（ ）
4. 超声波焊接具备环保无污染的特点。（ ）
5. 喷砂工艺能够对生锈金属物件进行除锈。（ ）

三、简答题

1. 简述产品线下交付的流程。

_____
_____

2. 简述影响产品交付的因素。

_____
_____

3. 简述丝网印刷工艺的优缺点。

_____
_____

参考文献

[1] 赵占西，黄明宇，何灿群，等.产品造型设计材料与工艺［M］.3版.北京：机械工业出版社，2024.
[2] 李达，姜勇，徐淑芳.人机工程学［M］.北京：电子工业出版社，2014.
[3] 洛可可创新设计学院.产品设计思维［M］.北京：电子工业出版社，2016.
[4] 鲁百年.创新设计思维：设计思维方法论以及实践手册［M］.北京：清华大学出版社，2015.
[5] 王广春，赵国群.快速成型与快速模具制造技术及其应用［M］.3版.北京：机械工业出版社，2013.
[6] 姚继蔚.3D打印产品成形与后处理工艺［M］.北京：机械工业出版社，2022.
[7] 钟元.面向制造和配作的产品设计指南［M］.2版.北京：机械工业出版社，2016.
[8] 刘光明.表面处理技术概论［M］.2版.北京：化学工业出版社，2018.
[9] 齐琦.设计师的商品包装色彩搭配手册［M］.北京：清华大学出版社，2020.
[10] 庞博.包装设计［M］.北京：化学工业出版社，2015.
[11] 张礼.3D扫描与模型重建［M］.北京：化学工业出版社，2017.
[12] 成思源，谢韶旺.Geomagic Studio逆向工程技术及应用［M］.北京：清华大学出版社，2010.
[13] 徐起贺.机械创新设计［M］.3版.北京：机械工业出版社，2019.
[14] 原红玲.快速制造技术及应用［M］.北京：航空工业出版社，2015.